Salabary Doumbia

Wasolonkakan

Global Knowledge and Social Transformation

Critical Perspectives from Africa and Beyond

vol. 1

LIT

Salabary Doumbia

WASOLONKAKAN

Exploration phonologique d’une variante mandingue méconnue

LIT

Bibliografische Information der Deutschen Nationalbibliothek
Die Deutsche Nationalbibliothek verzeichnet diese Publikation in der Deutschen Nationalbibliografie; detaillierte bibliografische Daten sind im Internet über https://dnb.dnb.de abrufbar.

ISBN 978-3-643-25242-5 (br)
ISBN 978-3-643-45242-9 (PDF)

Verlagskontakt:
Fresnostr. 2 D-48159 Münster
Tel. +49 (0) 2 51-62 03 20
E-Mail: lit@lit-verlag.de https://www.lit-verlag.de

Auslieferung:
Deutschland: LIT Verlag, Fresnostr. 2, D-48159 Münster
Tel. +49 (0) 2 51-620 32 22, E-Mail: vertrieb@lit-verlag.de

Dédicace

À la mémoire de l'auteur,

Dr. Salabary Doumbia (1952–2020),

dont la passion pour les langues mandées dont le Wasolonkakan a éclairé des chemins encore inexplorés.

Que son œuvre inspire et guide les générations futures dans la valorisation et la préservation des richesses linguistiques du Wasolon et au-delà.

Préface

C'est un honneur pour moi de contribuer à une préface de cet ouvrage de Salabary Doumbia, que j'estime beaucoup. Il était pour moi une personne de confiance, un enseignant coopératif et aussi un modèle en termes d'ambitions et d'intégrité personnelle.

Salabary aimait les langues et la linguistique. Polyglotte, il aimait toutes les langues qu'il parlait. Lorsqu'il entendait une expression allemande qu'il ne connaissait pas encore, il essayait d'en comprendre la structure et toutes les nuances d'une éventuelle signification métaphorique. Il était aussi un enseignant passionné : lorsqu'on lui demandait de corriger les erreurs d'un étudiant apprenant le bambara, il lui expliquait avec beaucoup de patience et de dévouement. Indépendamment de la langue, les discussions avec lui sur les expressions et leur pragmatique aboutissaient souvent à un enrichissement substantiel. Ses arguments étaient eclairant et instructives, et il était toujours un grand plaisir de discuter avec lui.

Après s'être engagé pendant de nombreuses années en faveur de la démocratie dans son pays à travers la Fondation Friedrich Ebert à Bamako, il a exprimé, lors d'une petite promenade dans son quartier un soir en février ou mars 2019, le souhait de contribuer de nouveau à la linguistique ou à l'enseignement des langues africaines. Ayant obtenu son doctorat en linguistique africaine à Bayreuth, Allemagne, en 1987, il lui semblait naturel de retourner dans le lieu où il avait passé plusieurs années d'études, s'est fait des amis et avait vécu avec sa famille.

Sa proposition correspondait à mon souhait d'écrire et d'enregistrer de nouveaux textes pour l'enseignement du bambara au centre de langues de l'université. Nous avons élaboré un projet d'un commun accord, qui a été retenu et financé par l'Institut des Études Africaines, IAS. Salabary est arrivé à Bayreuth début mars 2020. Bien que son séjour ait été prévu pour trois mois, nous n'avons pu travailler ensemble à Bayreuth que pendant quelques jours : le 11 mars la pandémie de COVID a été déclarée, entraînant un confinement et des restrictions de contact qui étaient plus strictes en Bavière que dans les autres Länder. Pendant que lui séjournait à Bayreuth, j'ai dû moi-même rentrer à Francfort. Cela a nécessité le passage à la communication à distance. Malgré ces difficultés, nous avons pu créer ensemble une série de textes et même en enregistrer quelques-uns.

Vers la fin de son séjour, Salabary a mentionné qu'il avait le grand objectif de rédiger et de publier une grammaire complète du parler mandingue de sa région d'origine, Wasolon, et plus précisément du mandingue parlé dans la commune de Kalana, appartenant au cercle de Yanfolila. Il avait déjà abordé la phonologie de cette variété dans sa thèse, mais venait juste de s'intéresser à la morphosyntaxe. J'ai trouvé cela fascinant et tenais absolument à discuter avec lui de ses premières ébauches. Malheureusement, pendant son séjour à Bayreuth, l'inquiétude de ne pouvoir pas retourner auprès de sa famille l'a tellement paralysé qu'il n'a pas pu poursuivre ce travail comme il le souhaitait. Lorsqu'il a finalement pu rentrer au Mali plusieurs mois plus tard que prévu, il n'avait rédigé que les premiers chapitres. Helas, quelques mois plus tard, Salabary est décédé sans avoir jamais re-mentionné l'entreprise de la grammaire.

Depuis fin 2020, plusieurs promotions d'étudiants du bambara à l'université de Bayreuth apprennent la langue à partir des textes que nous avons rédigés ensemble. Ce contexte, qui me permet de travailler avec le matériel d'un collègue estimé, est pour moi à la fois douloureux, car je sais qu'il est décédé trop tôt. Mais en même temps, je suis sûr d'agir exactement dans son esprit : il n'aurait rien souhaité de plus que de transmettre son intérêt pour les langues à la jeune génération.

J'envisage d'intégrer ce matériel pédagogique dans une publication pour que d'autres générations d'étudiants de la langue bambara en puissent profiter. Salabary Doumbia, un des auteurs, mérite mes sincères remerciements. í ní cé, í ní bàraji, Salabary. Ála k'í sàra.

Klaudia DOMBROWSKY-HAHN (Université de Bayreuth)

Décembre 2025

Contexte et portée de l'étude

Le Wasolon, vaste territoire transfrontalier situé entre le Mali, la Guinée Conakry et la Côte d'Ivoire, est non seulement reconnu pour sa richesse ethno-linguistique, mais aussi pour sa tradition musicale prestigieuse, qui a marqué l'histoire culturelle de la région mandingue. C'est au cœur de ce contexte culturel et linguistique que s'inscrit cette étude du wasolonkakan, langue mandingue encore peu documentée et parlée principalement dans la région de Yanfolila au Mali, à Odiéné en Côte d'Ivoire et à Mandiana en Guinée.

Cette publication posthume constitue une contribution fondamentale et rare à l'étude de cette langue, poursuivant les travaux du Dr. Salabary Doumbia, linguiste éminent originaire du Wasolon, qui a dédié une grande partie de sa vie à la recherche sur les langues mandées et plus particulièrement sur cette variante linguistique transfrontalière.

Décédé en 2020 à Bamako, le Dr. S. Doumbia avait exprimé la volonté que ses recherches sur le wasolonkakan soient achevées et publiées afin de combler une lacune majeure dans la documentation scientifique et de fournir aux linguistes ainsi qu'aux communautés concernées un outil précieux pour la valorisation de cette langue.

Grâce à l'engagement déterminé de ses enfants, ce travail a pu être mené à son terme et finalisé dans le respect des souhaits de leur père. Leur implication a été essentielle pour assurer la transmission et la pérennisation de cet héritage intellectuel.

Fruit d'une collecte rigoureuse de données sur le terrain et d'analyses approfondies, ce travail ouvre une nouvelle voie pour la compréhension des particularités phonologiques et sociolinguistiques du wasolonkakan. Il invite aussi les futures générations de chercheurs à poursuivre cet héritage scientifique, à approfondir l'étude des variations dialectales et à renforcer la reconnaissance de cette langue au sein du patrimoine mandé.

La préface de ce travail a été confiée à Dr. Klaudia Dombrowsky-Hahn, linguiste reconnue et spécialiste des langues mandingues, dont l'expertise en phonologie et linguistique africaine apporte une lecture éclairée et

rigoureuse à cette publication. Dr. Daouda Traoré (Institut National des Sciences de Société de Ouagadougou) et Dr. Adama Drabo (Université Alassane Ouattara de Bouaké), linguistes engagés, nous font l'honneur d'écrire une postface et expliquer la relevance de ladite œuvre.
Cette proximité scientifique et institutionnelle lui permet de situer avec justesse cette contribution majeure dans le panorama des études mandingues, tout en rendant un hommage digne au parcours et à l'œuvre de Dr. Doumbia. Par ailleurs, son engagement à valoriser les travaux africains dans un cadre académique international s'inscrit parfaitement dans l'esprit de transmission et de continuité incarné par cette publication, finalisée grâce à Dieu et à la mobilisation de la famille Doumbia.
Ainsi, la préface de Dr. Klaudia Dombrowsky-Hahn et la postface de Dr. Daouda Traoré (Institut National des Sciences de Société de Ouagadougou) et de Dr. Adama Drabo (Université Alassane Ouattara de Bouaké) offrent non seulement un cadre intellectuel solide, mais aussi un soutien symbolique à la pérennisation de cette recherche fondamentale sur le wasolonkakan, en résonance avec la volonté profonde de son auteur.
En publiant cette étude, nous honorons la mémoire et l'engagement du Dr. Doumbia, tout en appelant à une continuité indispensable pour faire vivre et enrichir cette contribution unique.

Lamine Doumbia
Décembre 2025

Sommaire

Wasolonkakan : Exploration phonologique d'une variante mandingue méconnue

Une Œuvre de Salabary Doumbia publiée à titre Posthume

Introduction

L'exercice d'une autorité étatique nationale et indépendante, ainsi que la mise en œuvre efficace d'une politique éducative, reposent en grande partie sur la reconnaissance et la valorisation des langues maternelles des populations concernées. Cette exigence soulève cependant d'importants défis, notamment dans les pays à forte diversité linguistique, à l'image du Mali.

Au Mali, coexistent plusieurs langues peu apparentées, telles que le bamanankan, le fulfulde, le tamashek, le sonraï, le sénoufo, le dogon, le bobo, le bozo, entre autres (Doumbia, 1987). Par ailleurs, même parmi des variantes étroitement liées, comme le bamanankan parlé à Bamako et le wasolonkakan, les différences sont suffisamment marquées pour compliquer la mise en place d'une orthographe commune et uniforme.

C'est précisément dans cette optique que le présent article propose une analyse approfondie de la structure phonologique du wasolonkakan, en cherchant notamment à identifier ses similitudes et divergences par rapport à la variante standard de Bamako. Si la littérature sur le bamanankan de Bamako est abondante, il n'existe, à ma connaissance, aucune étude linguistique systématique consacrée au wasolonkakan.

Les données présentées ici reposent principalement sur un corpus linguistique recueilli lors de mes enquêtes de terrain dans les localités de la région de Wasolon, notamment dans le cercle de Yanfolila et autour de Kalana. Ce corpus comprend des enregistrements audios de contes traditionnels, de récits merveilleux ainsi que d'émissions radiophoniques, enrichis par de nombreuses discussions avec divers locuteurs natifs du wasolonkakan.

Par ailleurs, il est utile de préciser l'emploi du terme « mandingue » dans cette étude. Ce terme est utilisé ici comme une désignation générique pour un ensemble de groupes ethniques partageant différentes variantes d'une même langue, héritée de l'ancien empire du Mali. Ces groupes, tout en ayant une identité culturelle et linguistique propre, emploient aussi des noms de langues régionales pour se désigner. Parmi les plus importants figurent les Bamanan, les Malinkés et les Jula (Doumbia, 1987).

Historiquement, le terme « mandingue » a été employé très tôt par les marins européens et les commerçants africains pour désigner les populations mandingues situées dans les régions actuelles de la Gambie, de la Casamance et de la Guinée-Bissau, ainsi que leur langue. À cette époque, la population Bamanan était relativement peu connue en Europe. Les Français ont adopté le terme « Mandingue » ou « Manding » pour désigner ce groupe ethno-linguistique de manière générique, comme en témoigne l'ouvrage de Maurice Delafosse, *Essai de manuel pratique de la langue mandé ou manding* (1901 : 1), où il note que « le mot mandé tend de plus en plus à se généraliser et à remplacer le mot manding ».

Plus tard, les linguistes français ont utilisé « mandingue » pour désigner un continuum regroupant le mandingue, le malinké, le jula et le bamanan. Par ailleurs, Delafosse utilisait déjà en 1924 l'expression « Groupe Nigéro-sénégalais » pour englober les groupes mandingues, soninkés, soussou, etc., en lieu et place du terme « mandé ». Maurice Houis et Gérard Dumestre ont quant à eux distingué la famille des langues « mandé » et le « manding » en tant que complexe regroupant mandingo, malinké, jula et bamanan.

Le wasolonkakan est la variété traditionnelle de la langue mandingue parlée dans les communes et villages du cercle de Yanfolila, situé dans la région de Sikasso, au sud du Mali. Cette aire linguistique s'étend également au-delà des frontières maliennes, englobant certaines zones du nord-est de la Guinée Conakry ainsi que des régions du nord-ouest de la Côte d'Ivoire, ce qui illustre l'importance transnationale de cette variante (Doumbia, 1987).

Situation géographique du Wasolon et du cercle de Yanfolila

La région de Sikasso, troisième région administrative du Mali, couvre une superficie de 71 790 km². Sa capitale est la ville de Sikasso. Elle se divise en sept cercles : Bougouni, Kadiolo, Kolondièba, Koutiala, Sikasso, Yanfolila et Yorosso. Chaque cercle comprend plusieurs communes, elles-mêmes composées de nombreux villages.

Le cercle de Yanfolila est une collectivité territoriale située dans la région de Sikasso. Il s'étend sur une superficie de 9 240 km² et comprend 12 communes : Baya, Bolo-Fouta, Djallon-Foula, Djiguiya de Koloni, Gouanan, Gouandiaga, Koussan, Sankarani, Sere-Moussa Ani Samou de Siékorolé, Tagandougou, Wassoulou-Ballé et Yallankoro-Soloba. Selon le recensement démographique de 2009, ces communes regroupent un total de 211 824 habitants (RGPH, 2009).

Le Wasolon constitue un vaste territoire peul, historiquement occupé par les Bamanan. Il s'étend sur le sud-ouest du Mali, le nord-est de la Guinée, la zone ouest de la rivière Sankarani, ainsi que le sud du fleuve Niger au Mali et une partie de la Côte d'Ivoire. En Guinée, le Wasolon, peuplé principalement par les Peuls Wassolonka, se situe majoritairement dans les préfectures de Kankan, Kérouané, Beyla (dans Sinko), Siguiri et Mandiana, où l'on parle une variante du maninkakan. La partie malienne correspond essentiellement au cercle de Yanfolila, dans le sud-ouest de la région de Sikasso.

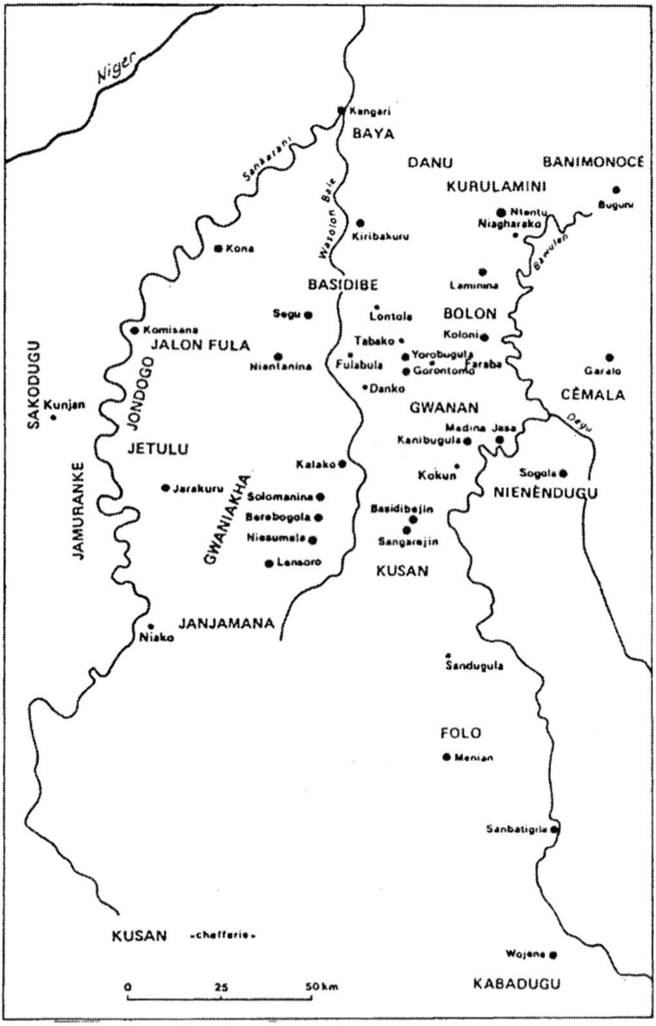

FIG. 4. — Le Wasolon avant Samory, d'après J.-L. Amselle.

Traditionnellement, les Peuls du Wasolon se reconnaissent à travers leurs patronymes : Diallo, Diakité, Sidibé et Sangaré. Certains clans malinkés, autrefois soumis par les Peuls, ont adopté les patronymes de leurs maîtres et se sont progressivement métissés avec eux à travers les mariages. Ce

métissage a conduit à une perte progressive de l'apparence physique peule, ainsi qu'à l'abandon de leur langue originelle, le peulh, au profit du wasolonkakan. Aujourd'hui, le peul n'est plus parlé par les Wasolonka (Agora Africaine, 2017).
La carte ci-dessus illustre l'étendue géographique du territoire où est parlé le wasolonkakan, couvrant principalement le cercle de Yanfolila et ses environs.
Le cercle de Yanfolila, avec sa diversité ethno-linguistique et son importance historique, représente une zone clé pour l'étude du wasolonkakan et des dynamiques linguistiques et culturelles du Wasolon. L'analyse approfondie de cette langue régionale permet non seulement de mieux comprendre les interactions sociales locales, mais aussi d'éclairer les enjeux liés à la politique linguistique et éducative au Mali.

Le Wasolon

Le terme **Wasolon** est à l'origine un terme géographique désignant une vaste région située de part et d'autre de l'actuelle frontière entre le Mali et la Guinée, s'étendant également vers certaines zones de la Côte d'Ivoire. Cette région est historiquement associée à l'empire du Wassoulou, fondé au XIXe siècle par Samory Touré, un souverain peul dont l'expansion militaire et politique a profondément marqué l'histoire de l'Afrique de l'Ouest (Doumbia, 1987 ; Levtzion, 1973).
L'empire du Wasolon est souvent reconnu comme un acteur majeur dans la diffusion de la langue mandingue dans cette aire géographique, notamment à travers les mouvements de populations et l'intégration politique des différents groupes ethniques (Diallo, 1987). En effet, la langue mandingue, dans ses variantes telles que le Wasolonkakan, s'est largement répandue dans cette région, qui couvre aujourd'hui le sud-ouest du Mali, le nord-est de la Guinée, ainsi que certaines parties du nord-ouest de la Côte d'Ivoire (Doumbia, 1987 ; Camara, 1995).
L'importance historique de Wasolon ne se limite donc pas à une simple délimitation territoriale : elle représente un espace central pour comprendre la dynamique linguistique et culturelle mandingue. Ce

territoire illustre la complexité des interactions entre héritages peuls, mandingues et d'autres groupes ethniques de la région, ainsi que les transformations linguistiques qui en découlent (Levtzion & Hopkins, 2000).

La désignation du parler de Wasolon

La langue parlée dans la région de Wasolon couvre aujourd'hui un territoire étendu, mais ses locuteurs ne disposent pas d'un terme unique et général pour la désigner. On se réfère le plus souvent à la région elle-même, « Wasolon ». Ses habitants sont appelés les « Wasolonka » et la langue qu'ils parlent, le « Wasolonkakan », littéralement « la langue des habitants du Wasolon ».

Le wasolonkakan appartient au groupe des parlers mandingues orientaux, avec lesquels il partage plusieurs traits caractéristiques. Le plus notable est la présence d'un système vocalique à sept voyelles, en contraste avec le système à cinq voyelles communes aux parlers mandingues occidentaux. De plus, le wasolonkakan a perdu l'opposition de longueur vocalique qui est une caractéristique propre aux parlers mandingues occidentaux. Toutefois, cette perte semble relativement récente, car la tonologie de la langue conserve des distinctions de comportement dans certains mots qui, dans les autres parlers mandingues occidentaux, se différencient par la longueur des voyelles (cf. Creissels & Grégoire, 1993).

Dans notre étude, nous avons délibérément choisi de nous concentrer principalement sur les locuteurs dits « authentiques » du wasolonkakan, qui demeurent majoritairement présents en milieu rural. Cette démarche vise à éviter la confusion induite par une seconde catégorie de locuteurs, principalement urbains, dont la langue est influencée par une variante plus ou moins bambarisée du wasolonkakan. Une telle distinction est essentielle pour décrire fidèlement une variante linguistique encore largement inexplorée par la recherche scientifique.

Nous sommes convaincus que cette contribution constitue une base précieuse pour les études futures sur le wasolonkakan et offre une description accessible et rigoureuse de son système phonologique.

Wasolonkakan		**Bamanan de Bamako**	
fére [fére]	/	féere [fé:re]	fleur
hɛ́rɛ [hɛ́rɛ]	/	hɛ́ɛrɛ [hɛ́:rɛ]	paix
míri [míri]	/	míiri [mí:ri	réflexion
bára [bára]	/	báara [bá:ra]	travail
wɔ́rɔ [wɔ́rɔ]	/	wɔ́ɔrɔ [wɔ́rɔ]	six
nbúru [mbúru]	/	nbúuru [mbú:ru]	pain
fòro [fòro]	/	fòolo [lò:lo]	goitre

Il est difficile d'évaluer, ne serait-ce que de façon très approximative, le nombre de locuteurs du wasolonkakan.
L'évolution visant à substituer au wasolonkakan une variante régionale du bamanankan standard n'est pas encore entamée, et les locuteurs du wasolonkakan. Le wasolonkakan ne figure pas encore explicitement en tant que tel dans la liste officielle des 'langues nationales' du Mali. Il ne figure pas dans cette liste et ne fait l'objet d'aucun usage dans les médias officiels [excepté une radio privée de Bamako qui émet sur FM 96.3] (radio ou presse écrite), l'administration ou l'enseignement.
Cette présentation du wasolonkakan a pour objectif d'exposer l'essentiel du système phonologique et morphosyntaxique d'un parler mandingue peu connu et peu étudié. Elle est basée sur le parler des communes du cercle de Yanfolila, situé à l'extrême sud du Mali, dans la région de Sikasso, et s'étend également aux zones voisines du Wasolon, incluant certaines parties du nord-ouest de la Côte d'Ivoire et du sud-est de la Guinée (région de Kankan autour de Beyla et Kérouané). La

documentation sur le mandingue est abondante, mais difficilement utilisable par des non-spécialistes. Une étude marquante a été menée, „Littérature orale et idéologie. Le geste des Jakite Sabashi du Ganan (Wasolon, Mali)" (1979), qui documente des traditions orales transcrites depuis le Wasolon, notamment dans la localité de Madina Jasa, dans l'arrondissement de Yorobougula, cercle de Yanfolila[1].

Justification du choix du wasolonkakan

Le choix d'étudier le wasolonkakan découle essentiellement de circonstances personnelles et méthodologiques. Originaire du Wasolon et locuteur natif du wasolonkakan, j'ai pu développer une réflexion approfondie sur ce parler mandingue, déjà initiée notamment par S. Doumbia (1987). Je dispose ainsi de données abondantes et de grande qualité, issues de mon expérience et de mes enquêtes sur le terrain.

Mon séjour au Wasolon avait pour objectif principal la préparation d'un article scientifique consacré au wasolonkakan, une variante linguistique du mandingue encore peu étudiée et peu documentée à ce jour. Cette langue est parlée principalement dans le sud-ouest du Mali, ainsi que dans certaines parties du Wasolon qui s'étendent jusqu'à la Côte d'Ivoire et la Guinée Conakry, des régions marquées par une grande diversité ethno-linguistique et culturelle.

L'étude du wasolonkakan présente un intérêt particulier, car elle permet d'enrichir la compréhension des variations dialectales au sein du mandingue, tout en mettant en lumière des traits spécifiques qui distinguent cette variante des formes mieux connues, comme le bamanankan de Bamako.

Dans cet article, je propose une analyse approfondie de plusieurs dimensions linguistiques du wasolonkakan, notamment ses particularités sociolinguistiques, phonologiques et syntaxiques. Cette démarche vise à combler une lacune importante dans la documentation scientifique de

1 Amselle Jean-Loup, Dunbya Zumana, Kuyate Amadu, Tabure Mohamed. Littérature orale et idéologie. La geste des Jakite Sabashi du Ganan (Wasolon, Mali).. In: *Cahiers d'études africaines*, vol. 19, n°73-76, 1979. Gens et paroles d'Afrique. Écrits pour Denise Paulme. pp. 381-433.

cette langue, contribuant ainsi à une meilleure connaissance des langues mandées dans leur ensemble, qui couvrent un vaste espace transfrontalier incluant le Mali, la Côte d'Ivoire et la Guinée Conakry.

Tout au long de cet exposé, seront mentionnés des travaux permettant de comparer la situation du wasolonkakan à celle d'autres parlers mandingues sur des points spécifiques. De manière générale, la *Grammaire fondamentale du bambara* de Gérard Dumestre constitue une référence essentielle pour comprendre les contrastes entre le parler décrit ici et le bamanankan standard.

Le wasolonkakan est un parler mandingue du Wasolon, parlé notamment dans la région de Yanfolila au Mali et dans la préfecture de Mandiana en Guinée (Galtier, 1980, p. 17).

Les consonnes du Wasolonkakan

Les consonnes du Wasolonkakan sont les suivants :

	Labiales	Alvéolaires	Palatales	Vélaires
Occlusives	**p b**	**t d**	**c j**	**k g͡b**
Fricatives	**f**	**s**		**h**
Nasales	**m**	**n**	**ɲ**	**ŋ͡m**
Latérales		**l**		
Vibrantes		**r**		
Approximantes			**y**	**w**

Description des phonèmes

1-Les consonnes

Comme dans le Bamanankan de Bamako, il y a quelques phonèmes dans le Wasolonkakan dont la description phonologique détaillée diffère de la représentation phonétique.

a) Puisqu'il n'y a pas de contraste systématique entre les phonèmes bilabial et labiodental en tant que catégorie, et qu'ils ont la caractéristique labialité en commun, j'ai classé les phonèmes / p /, / b /, / m / et / f / comme labiaux. Mais phonétiquement, /p/, /b/, /m/ sont bilabiales et /f/ labiodentales.

b) Comme il n'y a pas de contraste systématique entre les labiovélaires et les vélaires en tant que catégorie, et qu'ils ont en commun la vélarité, j'ai classé les phonèmes /k/, /g͡b/, /ŋ͡m/ comme vélaires. Mais phonétiquement, /g͡b/ et /ŋ͡m/ sont labiovélaires et /k/ vélaire.

/k/

Le phonème /k/ apparait en position initiale, en position intervocalique et après nasale et se réalise [k]

/kara/	--›	[kàra]	‚indigo‘
/kɔtɛ/	--›	[kɔ̀tɛ]	‚escargot‘
/kɛn/	--›	[kɛ̃́]	‚graisse‘
/kɔnɔ/	--›	[kɔ́nɔ]	‘ventre’
/mɔkɔ/	--›	[mɔ̀kɔ]	‘homme’ (opposé à l’animal)
/bakan/	--›	[bákã]	‘animal’
/npoko/	--›	[ᵐpòko]	‘cache sexe des petites filles’
/dankan/	--›	[dã́ŋkã]	‘ rive, berge, bord’
/kɔnkɔrɔn/	--›	[kɔ̃́ŋkɔrɔ̃]	‘redunca’

On peut imaginer ici que le phonème /k/ est le résultat d'une évolution de l'occlusive sonore g qui est attestée dans plusieurs variantes du Bamanankan surtout en position intervocalique où on constate, entre autres, les réalisations différentes d'une variante à l'autre selon les régions et selon le contexte phonologique (faga [faga], [faɣa] ou [faka] 'tuer'). Il y a même des réalisations comme fricatives vélaires ou grasseyés proche du R français. Cette évolution est devenue si forte que le son g n'est plus perceptible en wasolonkakan. C'est pourquoi il ne figure pas comme phonème dans l'inventaire des phonèmes du wasolonkakan.

/g͡b/

Quant au phonème /g͡b/, occlusive sonore labiovélaire, il est très courant en wasolonkakan.

Il apparait en position initiale, en position intervocalique et après nasale et se réalise [g͡b]

/g͡bòlo /	--›	[g͡bòlo]	'cuire, peau'
/g͡bà/	--›	[g͡bà]	'cuisine'
/g͡bɛ́n/	--›	[g͡bɛ̃́]	'chasser'
/g͡bílin/	--›	[g͡bílĩ]	'lourd'
/tɛ̀g͡bɛ/	--›	[tɛ̀g͡bɛ]	'rate'
/tòg͡ba/	--›	[tòg͡ba]	'outarde'
/tòng͡bo/	--›	[tõ̀ŋg͡bo]	'vestibule'
/sàng͡ban/	--›	[sã̀ŋg͡bã]	'brousse'
/g͡bɛ̀nsɛn/	--›	[g͡bɛ̃̀nsɛ̃]	'céréale écrasé'
/g͡beg͡ba/	--›	[g͡bég͡ba]	'échasse
/g͡bɔ̀lɔn/	--›	[g͡bɔ̀lɔ̃]	'tordre'
/g͡bún/	--›	[g͡bṹ]	'pousser violemment'

/p/

Dans le Wasolonkakan, le phonème/P/ a un statut spécial. Il apparait principalement dans les idéophones expressifs et dans les mots étrangers.

/pɔ/	--→	[pɔ́]	'Idph. : très mauvais gout'
/para/	--→	[pára]	'idph. : carrément'
/piyan/	--→	[píjã]	'idph. : sans ambages, sans vergogne'
/párí/	--→	[pári]	'se parer, se faire chic (français)'
/kɔ̀pɔ́rɔ́/	--→	[kɔ̀pɔ́rɔ́]	'ancienne pièce de monnaie (10 centimes)'
/lanpan/	--→	[lȁmpã]	'lampe (français

/b/

Le phonème /b/ apparait en position initiale, intervocalique et après nasale et se réalise comme [b]

/bana/	--→	[bàna]	'maladie'
/kaba/	--→	[kàba]	'maïs'
/bamba/	--→	[bȁmba]	'crocodile'

/d/

Le phonème /d/ apparait en position initiale, intervocalique et après nasale et se réalise comme [d]

/dɔn/	--→	[dɔ̏̃]	'danse'
/donso/	--→	[dȍ̃nso]	'chasseur'
/dala/	--→	[dàla	'lac, étang, marigot'
/dɔlɔ/	--→	[dɔ̀lɔ]	'bière'
/bandiki/	--→	[bȁndiki]	'grosse épingle de cheveux'

/j/

Le phonème /j/ apparait en position initiale et intervocalique et après nasale et se réalise comme [ɟ]

/jala/	-->	[ɟála]	'caïlcédrat'
/jukuya/	-->	[ɟúkuja]	'méchanceté'
/ji/	-->	[ɟí]	'eau'
/jeli/	-->	[ɟèli]	'sang'
/janjo/	-->	[ɟã̀ɲɟo]	'hymne à la bravoure
/jɔjɔ/	-->	[ɟɔ̀ɟɔ] '	ajuster avec du fil (provisoirement)'
/wonjɛ/	-->	[wṍɲɟɛ]	'blague, amusement'

/t/

Le phonème /t/ apparait en position initiale et intervocalique et après nasale et se réalise comme [t]

/tan/	-->	[tã́]	'dix'
/kɔtɛ/	-->	[kɔ̀tɛ]	'escargot'
/karata/	-->	[kàrata]	'secco'
/wonto/	-->	[wõ̀nto]	'protoptère'
/wɛntɛrɛ/	-->	[wɛ̃́ntɛrɛ]	'vendre à bas prix, solder'

/c/

Le phonème /c/ apparait en position initiale, en position intervocalique et après nasale et se réalise comme [c]

/cɛ/	-->	[cɛ̀]	'homme'
/ci/	-->	[cí]	'chaume]
/kalabanci/	-->	[kálabã̃ɲci]	'menteur, entêté'

/koloci /	--→	[koloci]	‘rhumatisme, crampe’

/f/

Le phonème /f/ apparait en position initiale, en position intervocalique et après nasale et est réalisé comme [f]

/foronto/	--→	[fòrõnto]	‘piment’
/morifa /	--→	[mòrifa]	‘fusil’
/janfa/	--→	[ɟȁɱfa]	‘trahison’

/s/

Le phonème /s/ apparait en position initiale, en position intervocalique et après nasale et se réalise comme [s]

/saka/	--→	[sàka]	‘mouton’
/basa/	--→	[bása]	‘margouillat’
/sɔsɔ/	--→	[sɔ̀sɔ]	‘haricot’
/donso/	--→	[dȍnso]	‘chasseur’

La chuintante apparait également dans les cas de palatalisation de s : sìsɛ (sans doute du maninkakan) --→ syɛ̀ [ʃɛ̃̀] ‘poulet’; sísàn --→ syán [ʃã] ‘maintenant’; sílan --→ syán [ʃã́] ‘avoir peur’ ; síla --→ syá [ʃá] ‘route’

/h/

Le phonème /h/ apparait en position initiale et entre deux voyelles et se réalise comme [h]. Il apparait surtout dans les mots empruntés à l’arabe.

/hakili/	--→	[hákili]	‘esprit’
/lahiya/	--→	[làhija]	‘mouton sacrifié le jour de la tabaskí
/hakɛ/	--→	[hakɛ]	‘péché’

/m/

Le phonème /m/ apparait en position initiale, en position intervocalique et après nasale et se réalise comme [m]

/kuma/	-->	[kúma]	‘parole’
/malo/	-->	[màlo]	‘riz’
/kunmabɔ/	-->	[kũ̀mmabɔ]	‘payer la rançon de’

/n/

Le phonème /n/ apparaît en position initiale, intervocalique et après nasale et est réalisé comme [n]

/ná/	-->	[ná]	‘sauce’
/nὲkέ/	-->	[nὲkɛ]	‘fer’
/kɔnɔ/	-->	[kɔ̀nɔ]	‘oiseau’
/nɔkɔ/	-->	[nɔ́kɔ]	‘saleté’
/kunnɔfɛn/	-->	[kũ̀nnɔfɛ̃]	‘maladie mentale’

En position finale après voyelle, le phonème /n/ est réalisé comme la nasalisation de la voyelle qui le précède [ṽ].

/v+n/ --> **[ṽ]** /_____#

/bĩ́n/	-->	[bĩ́]	‘herbe’
/dẽ́n/	-->	[dẽ́]	‘enfant’
/lṍn/	-->	[lṍ]	‘jour’
/kun/	-->	[kũ̀]	‘tête’

Le phonème /n/ présente une réalisation homorganique de la consonne qu’il précède.

/n/ --→ [N]/________K

Dans cette position, le phonème /n/ a les réalisations suivantes:

[m] devant les bilabiales

/jènbè/	--→	[ɟȅmbe]	'tamtam'

[ɱ] devant les labiodentales

/jànfà/	--→	[ɟȁɱfa]	'trahison'

[n] devant les alvéolaires

/g͡bintan/	--→	[g͡bĩ́ntã]	'grande fêté

[ɲ] devant les palatales

/janjo/	--→	[ɟȁɲɟo]	'Hymne à la bravouré

[ŋ] devant les vélaires

/tong͡bo/	--→	[tȍŋg͡bo]	'vestibule'
/jankaro/	--→	[ɟȁŋkaro]	'maladie'

/ɲ/

Le phonème /ɲ/ apparait à l'initiale, entre voyelles et après nasale et se réalise comme [ɲ]

/ɲina/	--→	[ɲína]	'souris'
/kaɲa/	--→	[kàɲa]	'cire'
/kunɲɔkɔn/	--→	[kȕɲɲɔkɔ̃]	'semaine'

/ŋ͡m/

Le phonème /ŋ͡m/ apparait en position initiale et est réalisé comme [ŋ͡m]. Il est très courant en wasolonkakan. En position intervocalique et dans les monosyllabes le phonème /ŋ͡m/ n'apparait pas. Il n'apparait pas non plus devant i et o.

/ŋ͡màna/	--›	[ŋ͡màna]	'champion, célèbre'
/ŋ͡mɔ̀mi/	--›	[ŋ͡mɔ̀mi]	'petite galette'
/ŋ͡máɲa/	--›	[ŋ͡máɲa]	'démangeaison'
/ŋ͡mɛ́ɲɛmɛ/	--›	[ŋ͡mɛ́ɲɛmɛ]	'boucles ornant le pourtour de l'oreille'
/ŋ͡méni/	--›	[ŋ͡méni] '	épine'
/ŋ͡màɲaki/	--›	[ŋ͡màɲaki]	'tordre"
/ŋ͡màɲan/	--›	[ŋ͡màɲã]	'brousse'
/ŋ͡mɔ̀mɛ/	--›	[ŋ͡mɔ̀mɛ]	'défoncer, déformer'
/ŋ͡munan/	--›	[ŋ͡múnã]	'gémir, respirer avec peine'

/w/

Le phonème /w/ apparait en position initiale

/wɔ/	--›	[wɔ́]	'partir'
/woro/	--›	[wóro]	'cuisse'
/wara/	--›	[wára]	'fauve'
/wulu/	--›	[wùlu]	'chien'

Il apparait rarement en position intervocalique

/bawo/	--›	[báwo]	'parce que'
/sawa/	--›	[sáwa]	'se réjouir'

/y/

Le phonème /y/ apparait en position initiale et en position intervocalique et se réalise [j]

/yen/	--›	[jɛ̃̀]	'là-bas'
/yan/	--›	[jã̀]	'ici'

/saya/	-->	[sàja]	'mort'
/baya/	-->	[bàja]	'ceinture de perles'

/l/

Le phonème /l/ apparait à l'initiale et en position intervocalique et se réalise [l]

Lɛn	-->	[lɛ̃́]	'mouche tsé-tsé
Li	-->	[lí]	'miel'
Lolo	-->	[lòlo]	'étoile'
Lɔkɔ	-->	[lɔ́kɔ]	'bois de chauffe'

/r/

Le phonème /r/ apparait surtout en position intervocalique.

/sara/	-->	[sára]	'tabac'
/fara/	-->	[fára]	'déchirer'
/foro/	-->	[fòro]	'champ'

En position initiale /r/ apparait comme

a) Postposition locative /rɔ/ [rɔ] en variation avec n /nɔ/[nɔ] en contexte nasal.

/daka rɔ/	-->	[dàká rɔ́]	'dans le canari'
/bon nɔ/	-->	[bṍ nɔ́]	'dans la chambre'
/ta rɔ/	-->	[tá rɔ́]	'dans le feu'

b) Préfixe verbal /rɔ-/ [rɔ-]

/rɔgbɛ/	--›	[rɔ́gbɛ́]	'examiner'
/rɔdɔn/	--›	[rɔ́dɔ̃̀]	'piétiner, pétrir'
/rɔdɔɲɔ/	--›	[rɔ́dɔ́ɲɔ́]	'se reposer'

Cependant, tout comme le Bamanankan standard, le wasolonkakan n'accepte pas sans condition les mots étrangers ayant /r/ à l'initiale. L'adoption de tels mots est soumise à une prothèse, c'est-à-dire l'ajout d'une voyelle comme l'initiale de ces mots. Nous pouvons citer ici comme exemple : radio [àraɟo] ; robe [ɔ̀rɔbu].

Pré nasalisation /n-/

La pré nasalisation est un phénomène très vivant dans le parler du Wasolon. Le pré nasal ne porte pas de ton parce qu'il n'est pas syllabique. A la différence du Bamanankan de Ségou (cf. Diallo 1989, P. 7 et 8), il faut signaler ici que dans le parler du Wasolon, l'élément nasal se réalise de façon homorgane avec la consonne qu'il précède sans aucune influence sur la sonorité de cette consonne. Si la consonne qu'il précède est voisée, elle reste voisée, et si elle est non voisée elle reste non voisée. Les exemples suivants attestent la vivacité de la pré nasalisation en wasolonkakan où elle apparait devant toutes les occlusives et les fricatives.

/ntòri/	--›	[^{n}tòri]	'crapaud'
/njɛ́kɛ/	--›	[^{ɲ}ɟɛ́kɛ]	'poisson'
/njè/	--›	[^{ɲ}ɟè]	'courge
/njàba/	--›	[^{ɲ}ɟàba]	'oignon'
/nbàn/	--›	[^{m}bã̀]	'bambou'
/ntaman/	--›	[^{n}tàmã]	'tambourin d'aisselle'
/ntɔn/	--›	[^{n}tɔ̃̀]	'criquet'

/nkèmin/	-->	[^{ŋ}kèmĩ]	'pintade'
/nkɛ̀rɛnni/	-->	[^{ŋ}kɛ̀rɛ̃nni]	'écureuil'
/nkɛ́rɛ/	-->	[^{ŋ}kɛ́rɛ]	'Grillon'
/nkɔ̀sɔn/	-->	[^{ŋ}kɔ̀sɔ̃]	'scorpion'
/nkána/	-->	[^{ŋ}kána]	'varan'
/nkɔ̀ni/	-->	[^{ŋ}kɔ̀ni]	'guitare'
/nkóro/	-->	[^{ŋ}kóro]	'iguane de terre'
/nkàlan/	-->	[^{ŋ}kàlã]	'faucille'
/nsáni/	-->	[^{n}sáni]	'lapin'
/npàn/	-->	[^{m}pã̀]	'banc'
/ncɔ̀kɔn/	-->	[^{ɲ}cɔ̀kɔ̃]	'souchet comestible'
/ncòlon/	-->	[^{ɲ}còlõ]	'sorte de criquet'
/ncɔ̀rɔnni/	-->	[^{ɲ}cɔrɔ̃nni]	'petit oiseau très bavard'
/ng͡bán/	-->	[^{ŋ}g͡bã́]	'gombo'
/ng͡bɔ̀n/	-->	[^{ŋ}g͡bɔ̃̀]	'babouin'
/nkàrang͡ba/	-->	[^{ŋ}kàrãŋg͡ba]	'pou'
/nfína/	-->	[^{m}fína]	'Champignon'

La nasale syllabique Ń̩

En wasolonkakan la nasale syllabique est bien attestée par le pronom personnel de la première personne du singulier, comme c'est le cas dans d'autres variantes du bamanankan. Dans ce cas elle fonctionne comme une voyelle et donc a valeur syllabique et porteur de ton. Vidryn (2019, p. 50) a bien présenté ce phénomène en considérant *ń* comme voyelle, sans doute parce qu'il fonctionne effectivement comme une voyelle. Il écrit : « Le pronom non emphatique 1SG *ń* est une voyelle nasale qui est régulièrement assimilée par la consonne suivante : il se prononce comme *m* [réalisé [*ḿ̩*]] devant les consonnes labiales, comme *n* [réalisé [*ń̩*]] devant les alvéolaires, comme ɲ [réalisé [*ɲ̩́*]] devant les palatales, et comme ŋ [réalisé [*ŋ̩́*]] devant les vélaires »[2].

Nous pensons qu'il faut ajouter également *ɱ* qui est réalisé [*ɱ̩́*] devant les labiodentales.

Le phénomène de la nasale syllabique n'est pas à confondre avec le phénomène de la pré nasalisation. Phonétiquement le pronom n est réalisé de la même manière que la nasale syllabique /Ŋ̩́/

Il est intéressant de noter que l'élément syllabique nasal /Ŋ̩́/ et l'élément nasal ń se comportent de la même manière, c'est-à-dire qu'ils sont réalisés de manière homorgane avec la consonne qu'ils précèdent.

/Ŋ̩́ bóló'/	--›	[ḿ̩bóló']	'mon bras'
/Ŋ̩́ fà'/	--›	[ɱ̩́fà']	'mon père'
/Ŋ̩́ cɛ̀'/	--›	[ɲ̩́cɛ̀']	'mon mari'
/Ŋ̩́ bá'/	--›	[ḿ̩bá']	'ma mère'
/Ŋ̩́ kàràmɔ̀kɔ́'/	--›	[ŋ̩́kàràmɔ̀kɔ́']	'mon maître'
/Ŋ̩́ sèn'/	--›	[ń̩sɛ̃̀']	'mon pied'
/Ŋ̩́ ɲín'/	--›	[ɲ̩́ɲĩ́']	'ma dent'
/Ŋ̩́ kùn'/	--›	[ŋ̩́kũ̀']	'ma tête'
/Ŋ̩́ g͡bɛ̀lɛ̀n'/	--›	[ŋ̩́g͡bɛ̀lɛ̃̀']	'mon tibia'

2 Pour plus de précision nous avons ajouté ici les réalisations phonétiques de *ń* [*ń̩*], [*ḿ̩*], [*ɲ̩́*], [*ŋ̩́*] et [*ɱ̩́*] respectivement devant alvéolaires, labiales, palatales, vélaires et labiovélaires.

Le même phénomène apparait dans la réponse à la salutation pour les hommes /Ǹ̩bá/ [m̩̀bá] et pour les femmes /Ǹ̩sé/ [ǹ̩sé]. Ici la nasale syllabique est de ton bas et forme avec la syllabe suivante un seul lexème. Elle se différencie donc du pronom ń par le fait que celui-ci a un ton haut et forme avec le mot suivant deux lexèmes.

La structure syllabique

Nous distinguons en wasolonkakan cinq types de syllabes.

/V/ [V], /Vn/ [Ṽ], /CV/ [CV], /CVn/ [CṼ], /Ń̩/ [Ń̩]

La forme /V/ [V] est attestée seulement dans les pronoms, les interjections et les mots d'emprunts.

í	[í]	'toi'
é	[é]	'toi' (emphatique)
à	[à]	'lui'
ɛ̀	[ɛ̀]	'interjection'
ɔ̀rɔ̀bù	[ɔ̀rɔ̀bù]	'robe'
àràjò	[àràɟò]	'radio'

Les formes /Vn/ [Ṽ], /CV/ [CV], /CVn/ [CṼ]

án	[ã́]	'nous'
bón	[bṍ]	'chambre'
ɔ́n	[ɔ̃́]	'interjection'
g͡bɛ́n	[g͡bɛ̃́]	'chasser'
kàrà	[kàrà]	'indigo'
g͡bà	g͡bà]	'cuisine'

La forme /Ǹ̩/ [Ǹ̩] est attestée par le pronom personnel de la première personne du singulier (voir la nasale syllabique). Elle est réalisée de façon homorgane avec la consonne qu'elle précède.

Ń̩	[Ń̩]	'ich'
Ń̩ sen	[ń̩sɛ̂']	'mon pieds'
Ń̩	[ḿ̩bóló']	'mon bras'
Ń̩ g͡bɛ̀lɛ̀n'	[ŋ̩́g͡bɛ̀lɛ̃̀']	'mon tibia'

Syncope

La syncope est un phénomène très fréquent de disparition d'un ou plusieurs phonèmes à l'intérieur d'un mot.
En wasolonkakan on peut observer ce phénomène phonétique à plusieurs niveaux. Ce phénomène apparait clairement dans la réalisation des mots à deux syllabes qui ont une séquence syllabique de type /$C_1V_1C_2V_2(C_3V_3)$/. Cette structure est réalisée comme [$C_1C_2V_2$], suite à la chute de la voyelle V_1 à la condition que C_2 soit une consonne sonore S = /l, m, n, r/.
Nous pouvons examiner ce phénomène à travers les exemples suivants :

a) /$C_1V_1lV_2$/
b) [C_1lV_2]

Dans le cas de [C_1lV_2], la consonne **sonore** /l/ génère une plosion latérale dans la réalisation phonétique. Selon notre observation, la syncope dans ce cas se produit à condition que V_1 soit /i/.

/bìla/	[blà]	'laisser'
/fila/	[flà]	'deux'
/file/	[flè]	'flûte, sifflet'
/tile/	[tlè]	'soleil'

c) $/C_1V_1rV_2/$

d) $[C_1rV_2]$

Dans le wasolonkakan, toutes les voyelles peuvent être syncopées devant la consonne sonore /r/.

/bíri/	[brí]	'se baisser'
/kára/	[krá]	'indigo'
/kùru/	[krù]	'montagne'
/fòro/	[frò]	'champ'
/kére/	[kré]	'corne'
/kèrɛ/	[krɛ̀]	'côté'
/kɔ̀rɔ/	[krɔ̀]	'vieux'

e) $/C_1V_1nV_2/$

f) $[C_1nV_2]$

Ici la consonne sonore /n/ dans le cas de $[C_1nV_2]$ génère une plosion nasale dans la réalisation phonétique. D'après notre observation, seules les voyelles hautes /i/ et /u/ devant /n/ peuvent être syncopées.

/sìna/	[snà]	'rival'
/mìna/	[mnà]	'tenir'
/mìnan/	[mnã̀]	'antilope'
/kúnun/	[knṹ]	'se réveiller'

g) $/C_1V_1mV_2/$

h) $[C_1mV_2]$

Ici aussi, il faut noter que seul /u/ peut être syncopé devant /m/. Dans le cas de [C_1mV_2], la consonne sonore /m/ génère également une plosion nasale.

/kúma/	[kmá]	'parler'
/kùmu/	[kmù]	'aigre'
/súma/	[smá]	'froid'

Pour les mots à trois syllabes de type /$C_1V_1C_2V_2C_3V_3$/, qui ont la structure [-$C_2C_3V_3$] dans la dernière syllabe due à la chute de la voyelle V_2, la même explication s'applique à la syncope dans la syllabe concernée de même que pour les mots à deux syllabes.

/jùkuru/	[ɟùkru]	'fesse'
/námara/	[námra]	'fraude, malhonnêteté'
/cɛ̀kɔrɔ/	[cɛ̀krɔ]	'nom propre de personne'
/wòtoro/	[wòtro]	'charrette'

Dans quelques mots trisyllabes, c'est la première syllabe qui présente une structure de type [$C_1V_1C_2$-] après la chute de la voyelle V_2.

/mòrifa/	[mòrfa]	'fusil'
/fèrig͡ban/	[fèrg͡bã]	'fièvre'
/kerifa/	[kèrfa]	'confier'

Le même phénomène se produit avec le suffixe nominal -li et le participe ou encore la marque de l'accompli -len qui varient avec -ni, -nen en contexte nasal, comme il est attesté également dans le parler bamanankan de Ségou (Diallo (1989, p. 26).

/kerilen/	[kérlẽ]	'cassé'
/kerili/	[kérli]	'action de casser'
/kɔrɔlen/	[krɔ̀lẽ]	'ancien'
/birili/	[bríli]	'action de traire (une vache)'
/birilen/	[brílẽ]	'trait (vache)'
/a borilen/	[à bòrlẽ]	'il a fui'
/a fililen/	[à fìllẽ]	'il s'est trompé'

Il faut signaler également qu'une comparaison inter dialectale entre le wasolonkakan et le Bamanan standard en ce qui concerne le phénomène de la syncope, montre que la syncope est souvent aussi attestée en wasolonkakan là où elle n'est pas attestée en Bamanankan standard. Nous pouvons observer ce phénomène à travers les exemples suivants :

Wasolonkakan	***vs***	**Bamanan standard**
/tele/[tèle]	/tile/[tlè]	'soleil'
/tolo/[tólo]	/tulo/[tló]	'oreille'
/wulenman/[wùlẽmã]	/bilenman/[blȅmã]	'rouge'
/dɔlɔ/[dɔ̀lɔ]	/dɔlɔ/[dlɔ̀]	'bière de mil'
/jereke/[ɟèreke]	/dulɔki/[dlɔ̀ki]	'chemise'
/bolon/[bòlõ]	/bulon/[blȍ]	'vestibule'

Inversement la syncope est également attestée le bamananankan standard là où elle n'est pas attestée en wasolonkakan, comme nous pouvons le constater dans les exemples suivants :

Bamananankan standard	*vs* **Wasolonkakan**	
/kulusi/[kùlusi]	/krusi/[krùsi]	'pantalon'
/nkɛlɛnni/[ŋkɛ̀lɛ̃nni]	/ŋkrɛnni/[ᵑkrɛ̃̀nni]	'écureuil'
/buru/[búru]	/bru/[brú]	'trompette, clairon'
/buruju/[búruɟu]	/bruju/[brúɟu]	'origine, généalogie'
/biri/[bíri]	/bri/[brí]	'se baisser'
/bɔrɔntɔ/[bɔ̀rɔntɔ]	/brɔntɔ/[brɔ̃̀ntɔ]	'effeuiller complètement'
/bara/[bára]	/bra/[brá]	'place de danse'

La syncope n'est pas systématique. Il y a des cas où on ne relève dans les deux variantes aucun changement au niveau de la voyelle (Dumestre 2003, p. 19)

/fɔlɔ/ [fɔ́lɔ] ne donne pas *[flɔ́] 'premier'

/bɔlɔ/ [bɔ̀lɔ] ne donne pas *[blɔ̀] 'piquet'

/kolo/ [kólo] ne donne pas *[kló] 'os'

/bala/ [bàla] ne donne pas *[blà] 'porc épic'

Les voyelles

Le wasolonkakan connait un système de sept Voyelles [V].

i u

e o

ɛ ɔ

a

Toutes les voyelles peuvent être nasalisées /V + n/ [Ṽ].
Bien sûr ! Voici la transcription des nasalités indiquées, avec les exemples et leurs traductions en français :

Nasalisation	Phonétique	Exemple (wasolonkakan)	Traduction en français
in	[ĩ]	bin	gras
en	[ẽ]	den	enfant
ɛn	[ɛ̃]	fɛn	chose / objet
an	[ã]	kan	cou
un	[ũ]	nun	nez
on	[õ]	kon	battant de porte
ɔn	[ɔ̃]	lɔn	savoir

Le wasolonkakan se caractérise par un système vocalique riche comprenant plusieurs voyelles nasales. Ces voyelles se distinguent des voyelles orales par le passage de l'air à la fois par la bouche et par le nez, ce qui leur confère une résonance particulière. Voici les principales voyelles nasales identifiées dans cette langue, avec leurs prononciations approximatives :

- [ĩ] (in) : Une voyelle nasale antérieure fermée, proche du « i » français mais nasalisé. Par exemple, le mot *bin* signifie « gras ».
- [ẽ] (en) : Une voyelle nasale antérieure mi-fermée, comparable au « é » nasalisé français. Par exemple, *den* veut dire « enfant ».

- [ɛ̃] (ɛn) : Une voyelle nasale antérieure mi-ouverte, similaire au « è » nasalisé français. Le mot *fɛn* signifie « chose » ou « objet ».
- [ã] (an) : Une voyelle nasale basse, proche du « a » ouvert nasalisé. Par exemple, *kan* signifie « cou ».
- [ũ] (un) : Une voyelle nasale postérieure fermée, équivalente au « ou » nasalisé. Le mot *nun* veut dire « nez ».
- [õ] (on) : Une voyelle nasale postérieure mi-fermée. Par exemple, *kon* désigne le « battant de porte ».
- [ɔ̃] (ɔn) : Une voyelle nasale postérieure mi-ouverte, proche du « o » ouvert nasalisé. Le mot *lɔn* signifie « savoir ».

Ces distinctions entre les voyelles nasales jouent un rôle important dans la différenciation lexicale en wasolonkakan. Leur maîtrise est essentielle pour comprendre et parler correctement cette langue, car une variation dans la nasalisation peut changer le sens d'un mot.
Quant aux voyelles longues en wasolonkakan, nous pouvons dire à priori que la longueur est attestée chez toutes les sept voyelles orales comme dans le bamanankan standard, et cette longueur vocalique est marquée par le doublement de la voyelle.

miiri [mi:ri] ‚réfléchir'

feere [fe:re] ‚vendre'

fɛɛnɛ [fɛ:nɛ] ‚crême de lait'

baara [ba:ra] ‚travail'

nbuuru [ᵐbu:ru] ‚pain '

loolu [lo:lu] 'cinq'

wɔɔrɔ [wɔ:rɔ] ‚six'

Cependant il faut noter la tendance à une certaine instabilité des voyelles longues en wasolokakan. En effet, plusieurs mots contenant une voyelle longue dans le bamanankan standard sont réalisés en wasolonkakan avec une voyelle courte [V:] vs [V]. Cette réalisation conduit même à la chute totale de la voyelle (voir syncope), et donne la structure [$C_1C_2V_2$].

Fèere > fère > [frè] 'vendre' ;

nbúuru > nbúru > [^{m}brú] 'pain' ;

míiri > míri > [mrí] 'réfléchir'.

En revanche il faut noter aussi que certaines voyelles résistent à ce phénomène, car il y a des mots dont la réalisation des voyelles longues est clairement perceptible, et donne la structure [$C_1V_1C_2V_2$] où V_1 est une voyelle longue [V_1:]

báara > [bá:ra] 'travail' ;

wɔ́ɔrɔ > [wɔ́:rɔ] 'six' ;

fɛ̀ɛnɛ > [fɛ̀:nɛ] 'crème du lait'

Dans certains cas, on peut trouver même des paires minimales comme wɔ́ɔrɔ [wɔ́ɔrɔ] 'six' qui s'oppose à wɔ́rɔ [wɔ́rɔ] 'enlever la peau, peler, éplucher, décortiquer'.

Il faut aussi signaler qu'en wasolonkakan, beaucoup de syntagmes présentent dans leur forme sous-jacente une séquence de deux voyelles courtes qui fusionnent en une unité. Cette unité ainsi générée est réalisée phonétiquement comme une voyelle longue. En outre, au cours de ce processus nous assistons à une assimilation vocalique (voir Assimilation vocalique)

/à nɔ̀ à tà/ à nàá tà [à nǎ: tà] 'il l'a pris'

/à nɔ̀ í tà/ à nìí tà [à nǐ: tà] 'il t'a pris'

Assimilation vocalique

Dans le wasolonkakan, nous pouvons distinguer deux types d'assimilation vocalique, à savoir l'assimilation vocalique régressive et l'assimilation vocalique progressive.

1. Assimilation régressive

a) La voyelle qui assimile est un morphème grammatical indépendant :
í (2e personne du singulier), é (deuxième personne du singulier emphatique), à (3e personne du singulier), ò (démonstratif) avec un changement tonal dans la réalisation phonétique.
Nous pouvons mieux observer ce phénomène à travers les exemples suivants :

/Ádà ní é nàlén/ /ádà née nàlèn/ [ádà né:'nàlɛ̃̀] Ada est venue avec toi'

/Ádà ní à nàlèn/ /ádà náa nàlèn/ [ádà ná:'nàlɛ̃̀] 'Ada est venue avec lui'

/Ádà ní ò nàlèn/ /ádà nóo nàlèn/ [ádà nó:'nàlɛ̃̀] 'Ada est venue avec lui'

Ici, il faut signaler qu'aucune assimilation n'est possible avec les mots étrangers /à tɛ́ ɔ̀rɔ̀bù sàn/ [à tɛ́ ɔ̀rɔ̀bù sã̀] 'il n'achète pas de robe', /à nɔ̀ àràjò san/ [à nɔ̀ àràjò sã̀] 'il a acheté une radio'
b) La voyelle d'assimilation est la deuxième voyelle qui vient après la première voyelle suite à la chute de la consonne de la deuxième syllabe. L'assimilation a lieu après la palatalisation de la consonne initiale devant la voyelle haute i.

/sísàn/

sían

ʃìàn

ʃáàn

[ʃã̂:] 'maintenant

/sílán/

sían

ʃían

ʃáán

[ʃã́:] ‘avoir peur’

/síɲká/

síɲá

ʃĩ́án

ʃã́án

[ʃã́:] ‘avoir peur’

/síyá/

síá

ʃíá

ʃáá

[ʃá:] ‘nombreux’

/sílá/

síá

ʃíá

ʃáá

[ʃá:] ‘route, chemin’

/sìyɔ̀n/

sìɔ̀n

ʃìɔ̀n

ʃɔ̀ɔ̀n

[ʃɔ̃̀:] ‘prix’

2. Assimilation progressive

Normalement le type d'assimilation vocalique le plus courant est l'assimilation régressive. L'assimilation vocalique progressive est un phénomène phonologique qui est également attesté en wasolonkakan. A l'origine les voyelles concernées par ce type d'assimilation ne sont pas côte à côte, mais elles adoptent cette position suite à la chute d'une consonne.

Dans les exemples suivants, les consonnes initiales y et k des deux morphèmes ye (prédicatif non verbal) et kɛ (marque de conjugaison) sont élidées dans le contexte, de sorte que les voyelles de ces deux morphèmes suivent immédiatement une voyelle finale du morphème précédent.

CV_1 # CV_2

#CV_1V_1#

[#CV_1 :#]

/kɔlɔn#ye yan/

/kɔlɔn é yan/

[kɔ̀lɔ̃́'jà̃] 'le puits est ici'

/kɔlɔn#kɛ sen/

/kɔlɔn ɛ sen/

[kɔ̀lɔ̃́'sɛ̃̀] 'que le puits soit creusé'

Correspondance entre les consonnes

/g͡b/ vs /g/

En wasolonkakan /g͡b/ correspond à /g/ dans le parler standard en position initiale, en position intervocalique et en position post-natale.

Wasolon	Bamako	Français
g͡bà	gà	foyer
g͡bá	gá	hangar
g͡bàla	gàla	ne pas trouver d'acquéreur
g͡bàlo	gàlo	chose qui attire le malheur
g͡bálon	gálon	sauter, détacher brusquement
g͡bɛ́n	gɛ́n	chasser
g͡bànan	gànan	raser complètement
wòrijɛgɛ	gàrijɛgɛ	chance
g͡bàtigi	gàtigi	chef de la grande famille
g͡bère	gère	danse athlétique
g͡bèren	gèren	fruit vert / non mûr
g͡béren	géren	boucher
g͡bɛ̀rɛng͡bɛrɛn	gɛ̀rɛngɛrɛn	saison sèche
g͡bése	gése	devenir sale, terne
g͡bɛ̀lɛ	gɛ̀lɛ	canon
g͡bɛ̀lɛn	gɛ̀lɛn	dur, ferme
g͡bɛ̀lɛn	gɛ̀lɛn	tibia
g͡bɛ̀ng͡bɛn	gɛ̀ngɛn	conduire un troupeau
g͡bɛ́ɲɛ	gɛ́ɲɛ	cravache
g͡bɛ̀rɛn	gɛ̀rɛn	faire évaporer, tarir, sécher
g͡bɛ̀rɛndɛ	gɛ̀rɛntɛ	serrer, presser, coincer, acculer
g͡bílin	gírin	lourd
g͡bókoro	gógoro	cadenas

g͡bómi	gómi	amidon
g͡bóng͡bon	góngon	bidon
g͡bòro	gòro	frotter énergiquement
g͡bɔ̀nfasa	gɔ̀nfasa	tendon d’Achile
g͡bún	gún	île
ɲag͡ba	ɲɛgan	maître sorcier

/k/ vs /g/

« Il est probable qu’en mandingue ancien /k/ et /g/ ne formaient qu’une seule unité abstraite… » (Galtier 1980, p. 191)

Mais de notre point de vue nous ne constatons aujourd’hui aucune opposition entre /k/ et /g/. On trouve uniquement /k/ devant toutes les voyelles du wasolonkakan, comme en attestent les exemples suivants :

Wasolon	**Bamako**	**Français**
kéri (kari)	gáari	fil à coudre
kàra	gàla	indigo
kɛ́rɛnkɛ	gáranke	coordonnier
káwula	gáwulɔ	classa de griots
kìrindi	gìrinti	roter
kére	gére	corne
kókoso	kógoso	dur
júku	júgu	ennemi
mɔ̀kɔ	mɔ̀gɔ	homme (opposé à l’animal)

/j/ vs /g/

Ici on observe en Bamanan standard une la vélarisation /j/ devant /e/

Wasolon	Bamako	Français
jese	gese	fil de chaine

/l/ vs /d/

Le /l/ initial du wasolonkakan correspond à l'occlusive dentale sonore /d/ dans le parler de Bamako

Wasolon	Bamako	Français
lɔgɔ	dɔgɔ	bois de chauffe
lan	dan	semer
lɔn	dɔn	savoir
lolan	dunan	étranger
lolo	doolo	étoile
lu	du	concession
lulen	dulen	ombre
lɛn	dɛn	mouche tsé-tsé
limɔgɔ	dimɔgɔ	mouche
li	di	miel
lɔn	dɔn	connaitre

Mais cela n'est pas systématique car nous avons aussi des exemples comme : dɔ̀n 'danse', dén 'enfant', bàla 'porc épic' qui sont attestés comme tels dans les deux variantes ;

/r/ vs /l/

Wasolon	Bamako	Français
karo	kalo	lune
kara	kala	coudre
kara	gala	indigo
soro	solo	partie basse du dos
nkɛrɛnni	nkɛlɛnni	écureuil
sori	soli	se lever tôt le matin
bori	boli	courir
kori	kɔli	échec, misère, faillite
kuru	kulu	montagne

/l/ vs /j/

Wasolon	Bamako	Français
lɔ̀	jɔ̀	construire

Mais cela n'est pas systématique car nous avons aussi des exemples comme : jɔ̀ 'filet de pêche', jɔ̀n 'esclave', lèbu 'déshonneur', lɛ̀npɛn 'cache-sexe des femmes' qui sont attestés comme tels dans les deux variantes.

Correspondance entre les voyelles

/e/ vs /a/

Wasolon	Bamako	Français
keri	kari	casser
weri	wari	argent
ferikolo	farikolo	corps
keri	gari	fil à coudre
ferin	farin	sévère
beri	bari	crépir

/e/ vs /i/

Wasolon	Bamako	Français
feni	fini	étoffe, pagne

/e/ vs /o/

Wasolon	Bamako	Français
felin	fonin	détacher

/o/ vs /u/

Wasolon	Bamako	Français
don	dun	manger
ko	ku	queue

/e/ vs /ɔ/

Wasolon	Bamako	Français
jenin	jɔnin	qui

/e/ vs /a/

Wasolon	Bamako	Français
seni	sanu	or

Le système tonal en wasolokakan

Le système tonal du wasolonkakan ne diffère pas beaucoup de celui du Bamanan standard, tel qu'il est décrit pas plusieurs linguistes.

Vocabulaire comparé wasolonkakan/Bamanan de Bamako

Du point de vue du lexique beaucoup de mots du Wasolonkakan désignant les mêmes choses sont exprimés différemment dans le bamanankan de Bamako, comme en attestent les exemples suivants :

Wasolonkakan	Bamanankan de Bamako	Français
wèleke	sònkalan	bâtonnet pour remuer le tô
yɛ̀lɛ	gàlama	louche traditionnelle
táfiyɛ	fifalan	éventail
fíye	fílen	calebasse
jèse	gèse	fil de chaine
g͡bàn	ŋunu	ruche
bárasa	gálaka	côte
wúya	gàlon	mensonge

kɛ̀rɛkɛrɛ	ɲɔ̀gɔɲɔgɔli	exciter
sòrin	sɔ̀nin	ongle
g͡bìsi	gòsi	frapper
sɔ̀sɔ	kà	nier, ne pas avouer, ne pas reconnaitre
náma	kɛ́ɲɛ, dɛ́sɛ	ne pas réussir
nkàlan	wɔ̀lɔsɔ	faucille
kéreketeba	kɔ̀tɛ	escargot
kèni	kanu	amour
g͡bèni	tasuma	feu
ŋ͡méni	ŋɔni	épine
g͡bɛ̀nsɛn	ɲɛ̀ɲɛn	céréale écrasée
bìnbiri	keninke	sorgho
sùla	búbuni	singe
nsì	mìsi	vache
nśani	sònsani	lapin
tɛ̀gɛran	jéle	hache
ng͡bèyi	mána	plastique
dábɔ	dàraka	petit déjeuner
bàron (jiri)	tɛ̀	poteau à fourche triple
tɛ̀n (jiri)	tɛ̀	poteau à fourche triple
wɔ́	táa	partir
tòng͡bo	ga	hangar
tòg͡ba	bunu	oiseau échassier au corps massif, à pattes fortes et à long cou
tɛ̀g͡bɛ	sàmanɛnɛ	rate
njàkaro	ǹgɔyɔ	aubergine

wuya	nkalon	mensonge
jànkaro	bàna	maladie

Mots grammaticaux du wasolonkakan

1 . Pronoms personnels

a) Pronoms personnels simples

ń	je
í	tu
à	il, elle
ányi	nous
áyi	vous
àyi	ils, elle

b) Pronoms personnels emphatiques

né	je
é	tu
à	il, elle
ánneyi	nous
àyi	vous
wòyi	ils, elle

c) Pronoms démonstratifs

muso woyi	ces femmes (voir Dumestre, Page 131)

d) Pronoms possessifs

woyi mosoyi leurs femmes

1. Auxiliaires verbaux

En Wasolonkakan nous assistons à une élision du morphème de conjugaison 'bɛ'

∅ suivi du prédicatif verbal de l'infinitif positif **'ka'**. L'occurrence du morphème 'bɛ' dans la variante de wasolon est due à l'influence du parler de Bamako. Le asolonkakan utilise plutôt le morphème 'ye'. Il faut signaler également que la même forme est utilisée pour la forme progressive affirmative et négative, à côté de la forme 'a ∅ ji min na' là où en bamanankan de Bamako on dira 'a bɛ ji min na'.

Temps	**Wasolonkakan**	**Bamanankan de Bamako**	**Traduction**
Présent affirmatif	a ∅ ka bɔ a ∅ ka ji min	a bɛ bɔ a bɛ ji min	il sort il boit de l'eau

Ici, en wasolokakan comme en bamanankan de Bamako la négation est exprimée avec 'tɛ', mais en wasolonkakan il est suivi de la marque de l'infinitif **'ka'**.

Temps	**Wasolonkakan**	**Bamanankan de Bamako**	**Traduction**
Présent négatif	a tɛ ka bɔ a tɛ ka ji min	a tɛ bɔ a tɛ ji min	il ne sort pas il ne boit pas de l'eau

En wasolonkakan le passé est exprimé par le morphème **'nɔ'** qui est l'auxiliaire de l'accompli positif des verbes transitifs, alors qu'en bamanankan de Bamako il est exprimé par le morphème **'ye'**

Temps	Wasolonkakan	Bamanankan de Bamako	Traduction
Passé affirmatif transitif	a nɔ ji min a nɔ kini don	a ye ji min a ye kini dun	il a bu de l'eau il a mangé du riz

En wasolonkakan le passé affirmatif intransitif est exprimé avec le morphème 'len' ('nen' en contexte nasal), suffixe verbal d'accompli, alors qu'en bamanankan de Bamako il est exprimé avec le morphème 'ra' également suffixé au verbe.

Temps	Wasolonkakan	Bamanankan de Bamako	Traduction
Passé affirmatif intransitif	a bɔlen a nalen a silannen a wulilen a borilen	a bɔra a nana a siranna a wulila a bolila	il est sorti il est venu il a eu peur il s'est levé il a courru

L'auxiliaire verbal, marque de l'inaccompli **'ma'** est employé dans les deux variantes pour exprimer le passé négatif.

Temps	Wasolonkakan	Bamananka n de Bamako	Traduction
Passé négatif	a ma bɔ a ma na a ma silan a ma wuli a ma bori	a ma bɔ a ma na a ma siran a ma wuli a ma boli	il n'est pas sorti il n'est pas venu il n'a pas eu peur il ne s'est pas levé il n' a pas couru

Le suffixe de participe présent **'-tɔ'** est utilisé par le wasolonkakan pour exprimer le futur affirmatif des verbes intransitifs. Une deuxième forme est utilisée avec l'élision de 'bɛ' qui est l'auxiliaire du présent positif des verbes suivi du prédicatif verbal de l'infinitif positif **'ka'.**

Pour les verbes transitifs le futur est exprimé par un morphème composé **'wɔtɔ'** ou **'kɛtɔ'**, respectivement wɔ = partir + tɔ, ce qui veut dire 'partant' (participe présent), et kɛ = faire + tɔ, ce qui veut dire 'faisant'. Pour l'instant nous voulons l'expliquer ainsi, mais nous pensons que ce morphème composé 'wɔtɔ' / 'kɛtɔ' mérite une analyse plus approfondie.

Temps	**Wasolonkakan**	**Bamananka n de Bamako**	**Traduction**
Futur affirmatif (verbes transitifs)	a wɔtɔ ji min/ a kɛtɔ ji min a wɔtɔ so lɔ/ a kɛtɔ so lɔ	a bɛna ji min a bɛna so jɔ	il boira de l'eau il construira une maison
Futur affirmatif (verbes intrasitifs)	a bɔtɔ/ a ∅ ka bɔ a boritɔ/a ∅ ka bori	a bɛna bɔ a bɛna boli	il sortira il courra

L'auxiliaire **du présent négatif** associé aux verbes construits avec **'tɛ'** est employé pour exprimer la **négation** de l'action ou de l'état que le verbe décrit au temps présent. Autrement dit, il sert à indiquer qu'une action n'a pas lieu ou qu'un état n'est pas vrai dans le moment présent.
Cette négation affecte directement le verbe **'tɛ'**, qui fonctionne comme un verbe d'état ou copule, permettant ainsi de nier l'existence ou la réalisation d'une condition ou d'une situation à l'instant présent. En l'occurrence, en wasolonkakan **'tɛ'** est placer après le verbe.

Temps	Wasolonkakan	Bamanankan de Bamako	Traduction
Futur négatif	a bɔtɔ tɛ/a tɛna bɔ a wɔtɔ tɛ ji min/ a kɛtɔ tɛ ji min a tɛna ji min	a tɛ bɔ a tɛna ji min	il ne sortira pas il ne boira pas de l'eau

En **bamanankan de Bamako**, la construction du subjonctif affirmatif repose sur l'utilisation de la particule « **ka** » suivie du verbe à l'infinitif (ex. *a ka bɔ* = « il faut qu'il sorte »). Cette particule marque l'aspect modal de nécessité, d'obligation ou de volonté.

En **wasolonkakan**, la particule « **ka** » est souvent **omise** dans la forme subjonctive affirmative, d'où l'apparition d'un verbe simple sans marqueur explicite (ex. *a ⌀ bɔ*). Cette omission ne diminue pas la valeur modale : le contexte ou d'autres éléments grammaticaux expriment l'obligation ou la nécessité.

Par ailleurs, en wasolonkakan, lorsque la particule « **ka** » est présente (ex. *a ka ji min*), elle fonctionne de manière similaire au bamanankan, marquant clairement l'aspect subjonctif et l'obligation (« il faut qu'il boive de l'eau »).

En résumé, le subjonctif affirmatif en wasolonkakan peut se construire de deux manières :

- Soit sans la particule « **ka** » (forme elliptique, fréquente à l'oral),
- Soit avec « **ka** », comme en bamanankan standard, pour renforcer ou préciser la modalité.

Temps	Wasolonkakan	Bamanankan de Bamako	Traduction
Subjonctif affirmatif	a ⌀ bɔ	a ka bɔ a ka ji min	il faut qu'il sorte il faut qu'il boive de l'eau

En bamananankan de Bamako, le subjonctif négatif est formé en combinant la particule négative « kana » avec la particule modale « ka » suivie du verbe.

- Exemple : *a kana bɔ* = « Il ne faut pas qu'il sorte ».

Cette construction exprime la négation de l'obligation ou de la nécessité : l'action n'est pas souhaitée ou permise.
Alors qu'en wasolonkakan, la forme du subjonctif négatif est identique ou très proche, utilisant aussi « kana » suivi du verbe (parfois précédé de « ka »).

- Exemple : *a kana bɔ* ou *a kana ji min* signifie « Il ne faut pas qu'il sorte » ou « Il ne faut pas qu'il boive de l'eau ».

Cette symétrie montre que dans les deux dialectes, la négation du subjonctif s'opère par la particule « kana », qui fusionne la négation et la modalité, exprimant ainsi la prohibition ou l'interdiction d'une action.

Remarques complémentaires :

- La particule « kana » est donc une forme négative spécifique au mode subjonctif, différente de la simple négation en mode indicatif.
- La présence ou non de « ka » après « kana » peut varier, mais dans les deux dialectes, elle participe à la formation correcte du subjonctif négatif.
-

Temps	**Wasolonkakan**	**Bamanankan de Bamako**	**Traduction**
Subjonctif négatif	a kana bɔ	a kana bɔ a kana ji min	il ne faut pas qu'il sorte il faut pas qu'il boive de l'eau

En wasolonkakan, on observe une construction similaire mais avec des variantes lexicales et morphosyntaxiques :

- Le pronom sujet reste a ;
- Le verbe auxiliaire de temps est tɛrɛ, équivalent de tun bɛ en bamanankan, marquant aussi l'imparfait ou l'action passée ;
- La particule modale ka conserve la même fonction ;
- Le verbe principal suit à l'infinitif.

Ainsi, *a tɛrɛ ka bɔ* se traduit par « il sortait », et *a tɛrɛ ka ji min* par « il buvait de l'eau ».

Ces exemples montrent que bien que le wasolonkakan et le bamanankan de Bamako partagent une structure similaire pour exprimer l'imparfait affirmatif, ils diffèrent principalement par le choix du verbe auxiliaire (tɛrɛ vs. tun bɛ). La particule modale ka et la construction syntaxique générale restent, quant à elles, très proches, témoignant de la parenté linguistique entre ces variétés.

Temps	**Wasolonkakan**	**Bamanankan de Bamako**	**Traduction**
Imparfait affirmatif	a tɛrɛ ka bɔ a tɛrɛ ka ji min	a tun bɛ ka bɔ a tun bɛ ka ji min	il sortait il buvait de l'eau

En wasolonkakan, la négation à l'imparfait s'exprime également par l'insertion de « tɛ » après le verbe auxiliaire tɛrɛ, suivi de la particule modale ka et du verbe principal. Plusieurs variantes syntaxiques sont observées, notamment avec ou sans particule modale, ou avec l'ajout de particules comme « la » ou « na » en fin de phrase, qui peuvent servir à renforcer la négation ou indiquer une finalité aspectuelle.

Exemples:

- *a tɛrɛ tɛ ka bɔ* — « il ne sortait pas »
- *a tɛrɛ tɛ bɔ la* — variante avec particule finale
- *a tɛrɛ tɛ ka ji min* — « il ne buvait pas de l'eau »
- *a tɛrɛ tɛ ji min na* — autre variante avec particule finale

La négation de l'imparfait en wasolonkakan et bamanankan de Bamako utilise la particule « tɛ » placée après l'auxiliaire de temps. La structure reste proche entre les deux dialectes, bien que le wasolonkakan montre une plus grande variation dans l'utilisation des particules finales comme « la » ou « na » qui modulent l'aspect ou renforcent la négation.

Temps	**Wasolonkakan**	**Bamanankan de Bamako**	**Traduction**
Imparfait négatif	a tɛrɛ tɛ ka bɔ [a tɛrɛ tɛ ka bɔ] a tɛrɛ tɛ bɔ la [a tɛrɛ tɛ bɔ la] a tɛrɛ tɛ ka ji min [a tɛrɛ tɛ ka ji min] a tɛrɛ tɛ ji min na [a tɛrɛ tɛ ji min na]	a tun tɛ ka bɔ a tun tɛ ka ji min	il ne sortait pas il ne buvait pas de l'eau

L'expression du futur hypothétique en wasolonkakan et en bamanankan de Bamako présente des similitudes importantes tout en révélant des différences morphosyntaxiques notables.

En wasolonkakan, le futur hypothétique est principalement marqué par l'emploi de la particule modale « **ka** » qui accompagne le verbe à l'infinitif, et ce, immédiatement après la conjonction temporelle « **ni** » (« quand »). Cette construction souligne l'aspect modal de l'action envisagée, sans modifier la forme verbale elle-même. Par exemple, la

forme « **ni a ka bɔ** » se traduit littéralement par « quand il sortira », où « **ka** » indique la modalité future.
En revanche, en bamanankan de Bamako, la formation du futur hypothétique s'appuie davantage sur la flexion verbale proprement dite, avec l'emploi de formes verbales spécifiques telles que « **bɔra** » ou la combinaison « **ye** » + **infinitif**. Dans cette variante, la particule modale « **ka** » n'est pas systématiquement utilisée dans ces constructions. Par exemple, « **ni a bɔra** » signifie également « quand il sortira », avec un verbe conjugué pour exprimer le futur.
Ainsi, cette différence met en lumière une variation morphosyntaxique entre les deux dialectes dans la manière d'exprimer le futur hypothétique. Alors que le wasolonkakan privilégie une construction analytique reposant sur une particule modale, le bamanankan de Bamako recourt davantage à une conjugaison verbale explicite. Néanmoins, les deux dialectes partagent une base commune importante : la conjonction temporelle « **ni** », qui introduit le cadre hypothétique ou conditionnel de l'action future.
Cette analyse souligne la richesse et la diversité des stratégies linguistiques employées dans les langues mandées pour exprimer des notions temporelles et modales proches, tout en reflétant des spécificités dialectales propres à chaque variété.

Temps	**Wasolonkakan**	**Bamanankan de Bamako**	**Traduction**
Hypothétique	ni a ka bɔ [ni a ka bɔ] ni a ka ji min [ni a ka ji min]	ni a bɔra ni a ye ji min	quand il sortira quand il boira de l'eau

La forme progressive en wasolonkakan : aspects morphosyntaxiques et phonologiques

Dumestre (2003, p. 206) décrit en bamanankan standard la construction du progressif, c'est-à-dire l'expression de l'action en cours (« être en train de »), qui repose sur l'emploi d'un nom verbal (VN), formé d'un verbe précédé d'un nom en fonction d'objet, ou d'un nom verbal dérivé par suffixation (*–li*), suivi d'une modalité définie.
Par exemple, en bamanankan standard, on observe les phrases suivantes :

- *u cɛ fila bɛ dɔlɔmín na so kɔnɔ* (« Les deux hommes sont en train de boire de la bière dans la maison ») ;
- *a bɛ fininko la bada la* (« Elles sont en train de laver le linge au bord du fleuve ») ;
- *a muso bɛ tofasa la* (« Sa femme est en train de battre le tô »).

Lors de la transposition en wasolonkakan, le morphème modal « bɛ́ » est remplacé par « yé », lequel apparaît immédiatement après le pronom personnel sujet, à l'exception de la troisième personne du singulier *a*. Par exemple :

- *ayi yé fininko la* (« Elles sont en train de laver le linge ») ;
- *n ye fininko la* (« Je suis en train de laver le linge »).

Sur le plan phonologique, « yé » subit fréquemment une élision dans certains contextes, se traduisant par sa disparition formelle. Cette élision est accompagnée d'un abaissement tonal sur le mot qui suit, marquant ainsi la trace prosodique de l'élément élidé.
Cette observation souligne l'importance de la prosodie dans la morphosyntaxe du wasolonkakan, où la tonalité joue un rôle fonctionnel dans l'expression de la modalité progressive, même en l'absence de l'auxiliaire verbal formel.
ayi cɛ fila ∅ dɔlɔmin na so kɔnɔ [àyí cὲ filá'dɔ̀lɔ̀mín na só kónó]

'les deux hommes sont en train de boire de la bière dans la maisoń ayi ye feninko la bada la [àjì jé fènȉnkò lá bádá lá]

‘elles sont en train de laver le linge du bord du fleuvé

a moso ∅ to fasa la [à mòsó’ tòfásá lá]

‘sa femme est en train de battre le tó

a ∅ sɛnɛ la [à’sɛ̀nɛ́ lá]

‘il est en train de cultiver ‘

a ∅ dɔn na [à’dɔ̃̀ ná]

‘il est en train de danser’

a ∅ baara la [à’ bá:rá lá]

‘il est en train de travailler’

Expression d'habitude

Cette forme peut exprimer l'habitude d’une personne à faire une action assez souvent. ‘Lon o lon’, etc.
Il peut traduire exprimer aussi l’assiduité d’une personne dans une activité
a ∅ dɔlɔ min na

‘il boit de la bière (i.e. de temps en temps, toujours, chaque jour…)’

a ∅ donni kɛ la [à’ dő̃ní kɛ́ lá]= il mange (i.e. il est assez malade, mais il mange / il est gourmand)

a ∅ sɛnɛ kɛ la [à’sɛ̀nɛ́ kɛ́ lá] = il cultive (i.e. c’est un grand cultivateur)

a ∅ dɔn kɛ la [à’dɔ̃ kɛ́ lá] = il danse (i.e. c’est un grand danseur)

a ∅ baara kɛ la [à’bá:rá kɛ́ lá] = il travaille (i.e. c’est un gros travailleur)

Action répétitive

Cette forme exprime une action envisagée dans son déroulement, incluant un point de référence temporel précis. Elle souligne la répétition habituelle de l'action dans un contexte donné.
Par exemple :
« ayi ye dɔlɔ min na so kɔnɔ » (àyì yé dɔ̀lɔ̀ mìn ná só kɔ́nɔ́) = « Ils boivent (habituellement) de la bière à la maison. »

Ici, l'action de boire de la bière est présentée comme une habitude régulière, située dans un lieu spécifique (la maison).
mosoyi ye to fasa la gba rɔ [mòsóyì yé tò fàsà lá gbà rɔ́]= les femmes battent (régulièrement) le to dans la cuisine.

La marque « ye ka » selon Dumestre (p. 211)

Selon Dumestre, la marque complexe « ye ka », qui ne possède pas de forme négative correspondante et dont l'occurrence est relativement rare, exprime une valeur d'accompli récent. Cette forme indique une action achevée récemment ayant des conséquences immédiates au moment de l'énonciation, et elle est souvent associée à une certaine emphase.
Dumestre illustre cette construction par un exemple tiré d'une variante du bamanankan :
í yé kà mùso mín tà, kó mɔ̀gɔ tère júgu dòn

« la femme que tu as épousée, c'est quelqu'un qui porte malchance »

Cependant, si l'on considère la même phrase en wasolonkakan, on constate que la temporalité n'est plus au passé accompli, comme dans la variante décrite par Dumestre, mais plutôt au présent (voire au futur proche) :
í yé kà mòso mín tà, kó mɔ̀gɔ tère júgu dòn

« la femme que tu vas épouser, c'est quelqu'un qui porte malchance »

Cette observation souligne une différence importante dans l'interprétation temporelle de la construction « ye ka » entre ces deux variantes dialectales, le wasolonkakan lui attribuant une portée plus immédiate ou prospective.

- **Présent afirmatif** ⌀

a ⌀ ka bɔ	il sort
a ⌀ ka ji min	il boit de l'eau

- **Présent négatif**

a tɛ ka bɔ	il ne sort pas
a tɛ ka ji min	il ne boit pas de l'eau

Il faut signaler que la même forme est utilisée pour la forme progressive affirmative et négative.

- **Passé affirmatif (transitif)**

a nɔ ji min	il a bu de l'eau
a nɔ to don	il a mangé du to
a nɔ sobo san	il a acheté de la viande

- **Passé affirmatif (intransitif)**

a bɔlen	il est sorti
a nalen	il est venu
a silannen	il a eu peur
a wulilen	il s'est levé
a borilen	il a couru

- **Passé négatif**

a ma bɔ	il n'est pas sorti
a ma ji min	il n'a pas bu de l'eau

- **Futur affirmatif**

a bɔtɔ/ a ø ka bɔ	il sortira
a wɔtɔ/kɛtɔ ji min	il boira de l'eau

- **Futur négatif**

a bɔtɔ tɛ/a tɛna bɔ	il ne sortira pas
a wɔtɔ tɛ ji min	
a kɛtɔ tɛ ji min	il ne sortira pas
a tɛna ji min	

- **Subjonctif affirmatif**

(n ye a fɛ) a ye bɔ	(je veux) qu'il sorte
(n y'a fɛ) a ø bɔ	(je veux) qu'il sorte
(n y'a fɛ) a ø ji min	(je veux) qu'il boive de l'eau

- **Subjonctif négatif**

a kana bɔ	il ne faut pas qu'il sorte
a kana ji min	il ne faut pas qu'il boive de l'eau

- **Impératif singulier**

bɔ	sors
ji min	bois de l'eau

- **Impératif pluriel**

ayi ye bɔ	sortez
ayi ye ji min	buvez de l'eau

- **Infinitif**

n ye a fɛ ka bɔ	je veux sortir
n ye a fɛ ka ji min	je veux boire de l'eau

- **Imparfait affirmatif**

a tɛrɛ ka bɔ/a tɛrɛ bɔ la	il sortait
a tɛrɛ ka ji min/a tɛrɛ ji min na	il buvait de l'eau

- **Imparfait négatif**

a tɛrɛ tɛ ka bɔ /a tɛrɛ tɛ bɔ la	il ne sortait pas
a tɛrɛ tɛ ka ji min/a tɛrɛ tɛ ji min na	il ne buvait pas de l'eau

- **Hypothétique**

ni a ka bɔ	quand il sortira
ni a ka ji min	quand il boit de l'eau

- **Souhait ou bénédiction**

ala ∅ i sara	que dieu te récompense

- **Participe passé**

feni kolen	le pagne est lavé
ji minnen	l'eau est bue

1. **Auxiliaires adjectivaux**

- **Affirmatif**

a diman	c'est bon
a surunman	c'est court
a g͡bɛlɛnman	c'est difficile
a kunaman	c'est amère
a ferinman	c'est piquant
a kalaman	c'est chaud

- **Négatif**

a man di/adiman tɛ	ce n'est pas bon
a man surun/a surunman tɛ	ce n'est pas court
a man g͡bɛlɛn/a g͡bɛlɛnman tɛ	ce n'est pas difficile
a man kunan/a kunaman tɛ	ce n'est pas amère
a man ferin/a ferinman tɛ	ce n'est pas piquant

1. **Auxiliaires nominaux**

- **Identité (avec complément)** ∅……..ri, ni

Sidi ∅ donso ri [sídí 'dȍnsó rí] Sidi est chasseur

nin ∅ Bakari la nɛkɛso ri [nȉ ' bákàrì lá nɛ̀kɛ̀só rí]

ceci est le vélo de Bakari

nin ∅ nsani ni [nȉ 'ńsání ní] ceci est un lapin

- **Non identité (sans complément)**

  donso ⌀ a ri [dȍnsó'à rí]

  Bakari la nɛkɛso ⌀ a ri (bákàrì lá nὲkὲsó' à rí)

  nsani ⌀ a ri [ńsání 'à rí]

- **Présence**

Sidi ⌀ foro rɔ [sídí'fòrò rɔ̀]	Sidi est au champ
Fanta ⌀ so kɔnɔ [fȁntà'só kɔ́nɔ́]	Fanta est dans la maison

- **Existence (sans complément)**

nɛnɛ ye	il fait froid
funteli ye	il fait chaud

Une analyse de la forme sous-jacente de ces énoncés montre que l'auxiliaire nominal **ye** du bamanankan de Bamako subit une élision partielle dans le wasolonkakan, se réduisant souvent à une absence phonétique (notée ⌀) ou à la forme réduite **…ri**. Toutefois, cet auxiliaire réapparaît pleinement après un sujet au pluriel, comme en témoigne l'exemple :
cɛyi ye donsoyi ri

(« les hommes sont les chasseurs »)

Cette variation illustre un phénomène phonologique d'élision conditionnelle et de réapparition en fonction du contexte syntaxique et du nombre grammatical du sujet.

1. **Mots divers**

- **Marque du pluriel**

mosoyi	les femmes
cɛyi	les hommes
denyi	les enfants
bayi	les chèvres
nsiyi	les vaches
kɔnɔyi	les oiseaux

L'expression du passif en wasolonkakan

En wasolonkakan, comme dans le bamanankan de Bamako, le passif constitue une forme verbale distincte qui exprime une action subie par le sujet, contrairement à la forme active où le sujet est l'agent qui réalise l'action.

La forme passive, tout comme la forme active, joue un rôle important dans la communication langagière, en permettant de focaliser l'attention sur l'objet ou le bénéficiaire de l'action plutôt que sur son auteur.

La formation du passif en wasolonkakan ne repose pas sur un phénomène morphologique spécifique, tel qu'un suffixe ou un préfixe dédié. Au contraire, elle résulte d'une transformation syntaxique qui affecte la racine du verbe en interaction avec le morphème de conjugaison utilisé. Cette construction modifie ainsi la relation entre les éléments de la phrase pour exprimer la passivité sans recourir à une dérivation morphologique propre.

Temps	Wasolonkakan	Bamanankan de Bamako	Traduction
Présent	malo ø ka sɛnɛ [màló'kà sɛ̀nɛ̀] malo ø sɛnɛ la [màló'sɛ̀nɛ̀ lá] malo bɛ sɛnɛ [màló bɛ́ sɛ̀nɛ̀]	malo bɛ sɛnɛ	'le riz est cultivé'
Imparfait	malo tɛrɛ ka sɛnɛ [malo tɛrɛ ka sɛnɛ] malo tɛrɛ sɛnɛ la [màló tɛ̀rɛ̀ sɛ̀nɛ̀ lá]	malo tun bɛ sɛnɛ	'le riz était cultivé'
Passé composé	malo sɛnɛlen [màló sɛ̀nɛ̀lén]	malo sɛnɛra	'le riz est cultivé'
Plus que parfait	malo sɛnɛlen tɛrɛ [màló sɛ̀nɛ̀lén tɛ̀rɛ̀]	malo tun sɛnɛra	'le riz était cultivé'
Futur I	malo ø ka sɛnɛ [maló'kà sɛ̀nɛ̀]	malo na sɛnɛ	'le riz sera cultivé'
Furur II	malo sɛnɛ tɔ [màló sɛ̀nɛ̀ tɔ́] malo bɛna sɛnɛ [màló bɛ́nà sɛ̀nɛ̀]	malo bɛna sɛnɛ	'le riz sera cultivé'

On constate qu'au présent et au futur I, le passif s'exprime de manière très similaire dans les deux variantes. Par exemple, en wasolonkakan, on trouve les formes malo ø ka sɛnɛ [màló'kà sɛ̀nɛ̀] et malo ø sɛnɛ la [màló'sɛ̀nɛ̀ lá], tandis qu'en bamanankan de Bamako, la forme correspondante est **malo bɛ sɛnɛ** [màló bɛ́ sɛ̀nɛ̀]. On observe ici un phénomène d'élision du morphème **bɛ** dans le wasolonkakan, qui marque l'aspect dans la variante bamana.

Au futur II, la forme **malo sɛnɛ tɔ** [màló sɛ̀nɛ̀ tɔ́] en wasolonkakan coexiste avec la forme **malo bɛna sɛnɛ** [màló bɛ́nà sɛ̀nɛ̀], cette dernière étant une influence directe du bamanankan de Bamako. Un constat similaire peut être fait au présent avec la forme **malo bɛ sɛnɛ** [màló bɛ́ sɛ̀nɛ̀], également empruntée à la variante bamana.

a ka silan ....a ka syan : il a peur

a wɔlen sisan .... a wɔlen syan : il est parti tout de suite

a fisayalen .... a fyayalen : il va mieux

Enoncés simples

Enoncé présentatif : N + a + ri / N + tɛ (+ a + ri)

Daba a ri: C'est une houe / Daba tɛ (a ri) : Ce n'est pas une houe

Kɔlɔn a ri : C'est un puits / Kɔlɔn tɛ (a ri) : Ce n'est pas un puits

Ne a ri : C'est moi / ne tɛ (a ri) : Ce n'est pas moi

Karimu a ri : C'est Karim / Karimu (tɛ a ri) : Ce n'est pas Karim

Enoncé équatif : N1 + N2 + ri / N1 + tɛ + N2 + ri

Sidi ˋ karamɔgɔ ri: Sidi est un enseignant / Sidi tɛ karamɔgɔ ri : Sidi n'est pas un enseignant

A la baara ˋ sɛnɛ ri : son travail est la culture de la terre / A la baara tɛ sɛnɛ ri : … n'est pa s ….

A tɔgɔ ˋ Seku ri: il s'appelle Sékou

A jamu ˋ Sibibe ri: son nom de famille est Sidibé

Sidibe ˋ a ri : il est sidibé / Sidibe tɛ (a ri)

Enoncé situatif : N1 + N2 / N1 + tɛ + N2

Hawa ˋ yan : Hawa est ici / Hawa tɛ yan : Hawa n'est pas ici

Hawa ˋ Segu

Hawa ˋ so kɔnɔ

Hawaˋ misiri la

Woriˋ Seku bolo

Sɔgɔsɔgɔˋ bakari la

Nɛnɛ ye : il fait froid

Dibi ye : il fait sombre

Funteli ye : il fait chaud

Mais : Hɛrɛ bɛ (dans la salutation)

Njɛgɛ yen : il y a du poisson

Dɔ yen : il y en a

Enoncé descriptif : N + ka / N + man

A ka di / a man di

Wori ka ca (sya) / wori man ca (sya)

Signalons quelques particularités par rapport à la transcription usuelle du bamanankan, dues à des différences dialectales portant sur la morphologie et la syntaxe.

- Morphologie : on trouve les formes oy, ay (eux, ils) pour olu, aw, aney (nous) pour anw, bagan ney (ces gibiers) pour bagan ninnu, …
- Syntaxe : noter surtout l'élision fréquente de l'auxiliaire bɛ/ye (être) dont voici deux exemples : so oy bolo (ils ont la maison) pour so bɛ / ye oy bolo,

Particules, postpositions et auxiliaires en Wasolonkakan

1. Particule « ka »

- Copulative positive : Relie un adjectif prédicat à son sujet. Exemple : *a ka bon* — « il est gros ».
- Prédicatif verbal de l'infinitif positif : Exprime une action à venir ou une capacité.

  Exemple : *an tɛna se ka na sini* — « nous ne pourrons pas venir demain ».
- Marqueur d'injonction : Utilisée pour donner un ordre ou faire un souhait, souvent accompagnée d'un ton haut. Exemples :
  - *aw kä taa föro la !* — « partez au champ ! »
  - *ala ka tile hɛrɛ caya !* — « Que Dieu (nous) accorde une bonne journée ! »
- Particule copulative reliant possesseur et objet possédé : Exemple : *ä ka däba dön* — « c'est sa houe » (la houe de lui). Elle relie aussi un nom d'action à son agent : Exemple : *kärisa ka bönya filɛ* — « voici le cadeau de quelqu'un » (celui qu'il a fait).

2. Postposition « man »

- Prédicatif d'adjectif négatif.

  Exemple : *a man di* — « il n'est pas là ».

3. Postposition « ma »

- Indique une notion temporelle ou d'âge. Exemple : *a selen furu ma* — « il a l'âge de se marier ».

4. Postpositions diverses

- ye :
    - Indique « pour » ou « en faveur de ».

      Exemple : *a fɔ n ye* — « il parle pour moi » ; *a kɛ ala ye* — « il est chez Dieu ».
    - Auxiliaire de la deuxième personne du pluriel de l'impératif.

      Exemples : *a ye na* — « venez » ; *a ye soko san* — « achetez de la viande ».
    - Auxiliaire de l'accompli positif pour les verbes transitifs (forme *ye (nɔ)*).

      Exemple : *ayi nɔ soko san* — « ils ont acheté de la viande ».
    - Marque l'identité ou l'équivalence entre sujet et prédicat nominal (*ye (ri)*).

      Exemples : *nin kɔnɔ ri* — « c'est un oiseau » ; *o tɛrɛ wuya ri* — « c'était du mensonge ».
- ri:
    - Postposition exprimant « en qualité de ».

      Exemple : *a tɛ a jate mɔkɔ ri* — « il ne considère pas comme un humainmme ».

- Postposition de comparaison.

  Exemple : *ne la nɛkɛso ka ɲi i ta ri* — « Mon vélo est plus beau que le tien ».
- Marque d'accompagnement.

  Exemple : *na n'a ri* — « viens avec lui / apporte-le ».
- Indique la division en parties (quantité).

  Exemple : *a tala saba ri* — « partage-le en trois ».
- Prédicatif de phrase à prédicat, connotant le présent positif ; associé à *tɛrɛ* pour l'imparfait :
  - Nominal : *kɔnɔ a ri* — « c'est un oiseau » ; *Madu tɛrɛ a ri* — « c'était Madu ».
  - Adjectival : *ayi siyaman a ri* — « ils sont nombreux ».
  - Numéral cardinal : *kɛmɛ saba a ri* — « c'est mille cinq cents francs » (prix) ; *kɛmɛ a ri* — « il y en a cent » (nombre).
  - Participial : *a wɔlen a ri* — « il est parti ».

- rɔ / nɔ :
  - Postposition exprimant « dans », « en », ou « en ce qui concerne » Exemple : *ji kɛ daka rɔ* — « mets de l'eau dans le canari ».
  - Variante *nɔ* utilisée dans un contexte phonétique nasal.
  - Très fréquente en wasolonkakan, alors que dans le parler de Bamako, elle n'est employée que dans l'expression *surɔ* (« hier soir »).

- Exemples :
  - *a wɔlen foro rɔ* — « il est parti au champ ».
  - *yiri foro cɛmancɛ rɔ* — « l'arbre est au milieu du champ ».
- Préfixe verbal *rɔ-* (variante *nɔ-* en contexte nasal) :
  - Exemple : *i kana soko rɔtɛkɛ* — « ne me coupe pas la viande (en petits morceaux) ».
  - Exemple : *i kana an nɔgbɛ tan* — « ne nous regarde pas comme ça ».
- Ce préfixe est très courant en wasolonkakan. Dans le parler de Bamako, il correspond souvent au préfixe *la-*.

ex. :

wasolonkakan /rɔ-/	**bamanankan de Bamako /**	**Traduction**
rɔbɛn	labɛn	préparer
rɔbila	labila	adresser la parole à quelqu'un
rɔbɔ	labɔ	curer (un puits)
rɔcɛ	lacɛ	ramasser
rɔfelin	lafonin	déplier
rɔfiɲɛ	lafiɲɛ	se reposer
rɔbgisi	lagosi	dénigrer
rɔgbɛ	lajɛ	regarder, examiner
rɔjenya	lajanya	allonger
rɔkolonya	lankolonya	évacuer, vider
rɔkuru	lakuru	replier

rɔmakaya	lamagaya	ramollir, assouplir
rɔmina	laminɛ	supporter
rɔnɔkɔ	lanɔgɔ	gaspiller
rɔsa	lasa	empêcher une action
rɔsama	lasama	étirer, s'étirer
rɔsu	lasu	inciter, exciter
rɔtɛkɛ	latigɛ	décider
rɔtɔmɔ	latɔmɔ	trier
rɔyala	layala	se promener dans un endroit

Autres éléments grammaticaux en Wasolonkakan

- rɔ : Connecteur utilisé dans la construction superlative. Exemple : *ayi bɛɛ rɔ belebele* — « le plus gros d'entre eux ».
- la : Connecteur de la construction possessive, équivalent à « ka ». Exemple : *a la so* — « sa maison » ; *n na nɛkɛso* - « mon vélo ».
- len: Suffixe verbal marquant l'accompli. Exemple : *a borilen* — « il a couru / fui ».
- tɔ : Suffixe verbal indiquant le participe présent. Exemple : *a wɔtɔ a ri foro rɔ* — « il part au champ ».

Conclusion

En somme, cette analyse détaillée de la structure phonologique du wasolonkakan révèle non seulement la richesse intrinsèque de cette variété linguistique, mais aussi l'ampleur des défis que pose la gestion d'une diversité linguistique aussi complexe au sein d'un État-nation tel que le Mali. La coexistence de nombreuses langues maternelles, souvent peu apparentées, et la variabilité interne au sein même du continuum mandingue, comme en témoignent les divergences entre le wasolonkakan et le bamananankan standard de Bamako, rendent indispensable une approche à la fois rigoureuse et contextualisée dans la mise en œuvre d'une politique linguistique et éducative nationale. La reconnaissance et la valorisation des variantes régionales, loin d'être de simples enjeux identitaires, constituent des fondements essentiels pour la construction d'une autorité étatique légitime, capable de répondre aux attentes de ses populations dans le respect de leur diversité culturelle et linguistique.

Par ailleurs, cette étude comble une lacune importante dans la documentation linguistique malienne en proposant un corpus inédit et une description systématique du wasolonkakan, variété jusqu'ici peu explorée malgré son poids socioculturel et sa dimension transnationale. En prenant en compte les spécificités phonologiques et les différences notables avec la variante standard, ce travail ouvre la voie à une réflexion approfondie sur les modalités de standardisation orthographique et de normalisation linguistique, qui doivent impérativement s'appuyer sur une connaissance fine et empirique des réalités locales. Il apparaît ainsi que toute tentative d'homogénéisation linguistique sans cette prise en compte risquerait d'être non seulement inefficace, mais aussi de contribuer à marginaliser des communautés linguistiques entières.

Enfin, au-delà de ses implications théoriques et descriptives, cette recherche s'inscrit dans une perspective pragmatique, où la valorisation des langues maternelles, comme le wasolonkakan, devient un levier stratégique pour renforcer la cohésion sociale, favoriser l'inclusion et améliorer la qualité de l'éducation dans un pays marqué par un plurilinguisme profond. La reconnaissance institutionnelle de ces langues ne peut être dissociée des enjeux plus larges de développement et de gouvernance locale, contribuant ainsi à l'édification d'un État démocratique et respectueux de la diversité de ses composantes culturelles.

Le wasolonkakan joue un rôle crucial en tant que vecteur d'intégration culturelle au sein d'une aire géographique étendue, qui dépasse largement les frontières artificielles héritées de la colonisation. Cette dimension transnationale témoigne de la continuité historique et culturelle des populations mandingues réparties entre le Mali, la Guinée Conakry et la Côte d'Ivoire, rappelant ainsi l'importance d'envisager les politiques linguistiques non seulement dans un cadre national, mais aussi sous un angle régional. La valorisation et la reconnaissance du wasolonkakan contribuent ainsi à renforcer les liens interculturels et intercommunautaires, tout en offrant un levier pour dépasser les divisions frontalières imposées, et participer à la construction d'espaces de dialogue et de coopération transfrontaliers fondés sur une identité linguistique et culturelle partagée.

Références

Amselle, J.-L., Dunbya, Z., Kuyaté, A., & Taburé, M. (1979). Littérature orale et idéologie : La geste des Jakite Sabashi du Ganan (Wasolon, Mali). *Cahiers d'Études africaines*, 19(73-76), 381-433.

Amselle, J.-L. (1987). L'ethnicité comme volonté et comme représentation : À propos des Peuls du Wasolon. Annales. Économies, Sociétés, Civilisations, 42(2), 465–489. https://doi.org/ 10.3406/ ahess.1987.283395

Creissels, D., & Grégoire, P. (1993). *Phonologie et tonologie du bambara*. Paris : CNRS Éditions.

Diallo, M. L. (1989). Zur Verbalstruktur und Syntax des Bambara. Deutschland: Universität Bayreuth.pp.226.

Doumbia, S. (1987). Untersuchung zur phonologischen Struktur zweier Manding-Varianten (Bambara von Bamako und Wasolonkan. Thèse de doctorat, Université de Bayreuth. Pp. 215

Dumestre, G. (1991). *Grammaire fondamentale du bambara*. Paris : Karthala.

Galtier, G. (1980). *Contribution à l'étude des langues mandées*. Dakar : IFAN.

Delafosse, M. (1901). *Essai de manuel pratique de la langue mandé ou manding*. Paris : Ernest Leroux.

Delafosse, M. (1924). *Le groupe nigéro-sénégalais*. Paris : Librairie Ancienne Honoré Champion.

Houis, M., & Dumestre, G. (1976). *Les langues mandées : classifications et analyses*. Paris : CNRS.

Agora Africaine. (2017, septembre 3). *Histoire de l'Empire du Wassoulou, territoire peul-malinké*. Consulté sur https://agoraafricaine.info/2017/09/03/histoire-de-lempire-du-wassoulou-territoire-peul-malinkise/

Essai sur l'apport du Wasolonkakan à la linguistique, à la culture et aux études africaines décolonisées

Lamine Doumbia[1]

L'étude du wasolonkakan, variété mandingue encore peu documentée, constitue un enjeu central pour les études africaines contemporaines, tant par la richesse linguistique qu'elle recèle que par la portée politique et identitaire qu'elle implique dans les démarches de décolonisation des savoirs. La faible visibilité de cette variété, contrastant avec l'abondance des travaux consacrés au bamanankan ou au malinké, souligne l'urgence de sa description systématique, dans un contexte où les langues minorisées demeurent encore marginalisées dans les politiques éducatives et les représentations savantes (Bamgbose, 1991; Djité, 2008).

L'intérêt pour le wasolonkakan s'éclaire pleinement lorsqu'on le situe dans le cadre historique de l'Empire du Wasolon, qui s'étendait dans la région avant et pendant la consolidation de l'État de Samory Touré au XIXe siècle. L'historiographie souligne que cette langue servait non seulement de vecteur de communication intra-empire, mais constituait également un marqueur identitaire et politique au sein des réseaux commerciaux et diplomatiques de la région (Conrad, 2005 ; Camara, 2012).

Cette dimension historique se combine avec une richesse culturelle et musicale, notamment dans les pratiques des chasseurs donso, qui transmettent des savoirs, des récits et des traditions à travers la musique et les chants. Les œuvres de Toumani Koné, maître de la musique donso, illustrent la vitalité de ces pratiques et leur lien étroit avec le wasolonkakan. La langue se trouve ainsi au cœur de la mémoire culturelle et rituelle, renforçant son rôle comme vecteur identitaire et moyen de transmission des connaissances endogènes.

Dans cette perspective, l'héritage de Toumani Koné, figure emblématique de la tradition donso, offre un point d'ancrage historique et symbolique essentiel. Par son rôle d'artiste, de poète et de dépositaire de savoirs

1 Humboldt-Universität zu Berlin / Institut für Asien- und Afrikawissenschaften

rituels, il incarne la manière dont la langue s'inscrit dans un tissu socioculturel vivant : la parole chantée, la performance et la mémoire musicale deviennent alors des lieux où se rencontrent histoire, identité et pratiques linguistiques. Ses œuvres permettent de situer le wasolonkakan dans une continuité culturelle forte, ancrée à la fois dans l'Empire du Wasolon et dans les traditions des sociétés de chasseurs, comme me disait mon père, Salabary Doumbia, en Septembre 2020 dans une conversation téléphonique.

À ce cadre s'ajoute l'apport des recherches de Brahima Camara, spécialiste de la littérature orale et des cultures africaines. Camara met en lumière l'importance des récits, mythes et traditions orales dans la construction de la mémoire collective et de l'identité Culturelle (Camara, 1998). Son approche de la littérature orale (mythes, contes, récits fondateurs) offre un cadre méthodologique et théorique précieux pour penser le wasolonkakan non seulement comme objet linguistique, mais comme langue inscrite dans une tradition orale vivante, à la fois historique, mythique et identitaire. Il faut mentionner ici les travaux théoriques de Karim Traoré (2000), qui par son ouvrage Le jeu et le sérieux fournit un cadre d'analyse anthropologique de la poésie épique des chasseurs du Mandé. En conceptualisant la littérature orale comme un « processus social », Traoré invite à considérer chants et récits non comme de simples artefacts, mais comme des espaces vivants de création, de mémoire et de transmission, des lieux où langue, culture et histoire se confondent (Traoré, 2000)

Ainsi, en articulant linguistique, musicologie, historiographie, littérature orale et approches décoloniales, l'étude du wasolonkakan dépasse largement la description formelle de la langue. Elle met au jour une réalité linguistique incarnée, performative, nourrie par des pratiques culturelles, des récits historiques et des mémoires communautaires. La langue n'y apparaît plus comme un objet isolé, mais comme une composante dynamique d'un système culturel en mouvement, à reconstruire et valoriser dans ses multiples dimensions.

Dans le cadre du paradigme de la coproduction de savoir (Doumbia et al., 2025), l'étude du wasolonkakan ne peut se limiter à un simple exercice de description linguistique. Elle doit être conçue comme un projet collaboratif avec les communautés wasolonka, impliquant les locuteurs natifs dès la collecte, la transcription et l'analyse des données, et les reconnaissant comme coauteurs du savoir linguistique et culturel produit. Ce repositionnement épistémique est essentiel pour restituer la pleine légitimité des langues et des connaissances endogènes, et pour contribuer à la décolonisation des savoirs dans les études africaines, tout en intégrant l'héritage historique et identitaire de l'Empire du Wasolon et la mémoire culturelle des chasseurs donso.

Ainsi, l'étude du wasolonkakan s'inscrit à la croisée de la linguistique descriptive, de la recherche historiographique et des démarches décoloniales, en incluant la tradition musicale des donso, offrant une approche holistique qui valorise simultanément langue, culture, musique et mémoire collective.

1. Une variété à la croisée des identités mandingues

Le wasolonkakan occupe une position géolinguistique stratégique au sein de l'aire mandingue. Les communautés de Wasolon se situent à la jonction des zones bamanan, malinké et jula, ce qui fait de cette variété un lieu d'observation privilégié pour comprendre la dynamique interne du continuum mandingue (Vydrine, 2019 ; Creissels, 1988).

Dans cette perspective, l'analyse de ses particularités phonologiques, lexicales et morphologiques apporte un éclairage nouveau sur les processus de différenciation dialectale en Afrique de l'Ouest, en particulier dans l'espace mandé, souvent présenté comme un continuum homogène alors qu'il est traversé de multiples isoglosses complexes (Green, 2018).

2. Un apport scientifique déterminant dans les études linguistiques africaines

La documentation du wasolonkakan contribue à combler un manque important dans la littérature scientifique. Alors que les travaux sur les langues mandées se sont concentrés sur les variétés ayant joué un rôle administratif, religieux ou économique majeur, notamment le bamanankan standard et le Maninka, plusieurs variétés régionales restent encore mal connues (Bird & Kendall, 2020 ; Creissels & Kaboré, 1998).

L'appropriation du français comme langue seconde par les locuteurs africains a entraîné l'émergence de normes endogènes présentant des caractéristiques phonétiques, lexicales, morphologiques, syntaxiques, pragmatiques et textuelles spécifiques (Drabo, 2019). Cette dynamique, bien documentée dans plusieurs contextes d'Afrique de l'Ouest, met en évidence la capacité des communautés linguistiques à reconfigurer les langues de contact afin de répondre à leurs propres besoins communicatifs. Toutefois, comme le signale Drabo (2019) et, les aspects pragmatiques et textuels, en particulier les marqueurs discursifs (MD), demeurent encore très peu étudiés dans les variétés africaines du français, malgré leur rôle central dans la structuration du discours.

Ces travaux montrent que les MD ne sont pas empruntés uniquement en raison de l'influence structurelle de la langue maternelle sur la langue seconde, ou inversement, comme le postuleraient certaines approches de la grammaticalisation. Au contraire, l'emprunt est motivé par la valeur pragmatique et textuelle de ces éléments, qui permettent aux locuteurs d'organiser leur discours, de marquer leur positionnement énonciatif, de clarifier leurs intentions ou d'assurer la cohésion textuelle (Matras, 2007 ; Drabo, 2023). Cette perspective, centrée sur les usages réels et sur les dynamiques interactionnelles, constitue un apport essentiel pour la compréhension des langues en contexte de contact.

Ces insights sont particulièrement pertinents pour l'étude du wasolonkakan, dans la mesure où cette variété mandingue se développe elle aussi dans un environnement plurilingue complexe, marqué par le contact avec le bamanankan standard, le français, le jula et d'autres langues régionales. Les pratiques langagières observées sur le terrain dans la région de Wasolon montrent que les locuteurs naviguent constamment entre plusieurs ressources linguistiques, non seulement au niveau lexical, mais également dans la structuration du discours et dans la gestion des interactions quotidiennes.

L'analyse des marqueurs discursifs et des procédés énonciatifs du wasolonkakan apparaît ainsi essentielle pour comprendre comment les locuteurs organisent leurs récits, structurent les tours de parole, introduisent ou concluent des séquences narratives, et marquent leur implication personnelle, émotionnelle ou épistémique. Comme le soulignent Drabo (2019), ces phénomènes relèvent de pratiques socialement situées, façonnées par des normes interactionnelles locales. Leur prise en compte permet donc de dépasser une description strictement structurale de la langue pour s'orienter vers une approche discursive, contextualisée et socialement ancrée.

En outre, replacer le wasolonkakan dans ce cadre théorique contribue à renforcer la perspective décoloniale qui sous-tend cette recherche. En effet, l'étude des marqueurs discursifs et des phénomènes textuels permet de mettre en évidence la créativité linguistique des locuteurs, leur capacité à produire des formes discursives originales et à adapter des ressources provenant de différentes langues selon des logiques pragmatiques propres. Une telle approche valorise les pratiques langagières locales et évite de réduire la langue à un simple "objet" de classification héritée des paradigmes coloniaux.

Enfin, l'intégration de ces apports théoriques contribue à réhabiliter la diversité des styles discursifs mandingues, souvent uniformisée dans les descriptions standardisées du bamanankan. À travers l'analyse des pratiques discursives wasolonka, ce travail se rapproche des démarches récentes en linguistique africaine qui visent à rendre compte de la pluralité des voix, des styles et des genres discursifs propres aux communautés africaines, et ainsi à restituer la richesse de leurs savoirs communicatifs.

Produire une description systématique du wasolonkakan revêt une importance scientifique majeure à plusieurs niveaux. D'abord, une analyse fine de cette variété contribue à affiner la classification interne des langues mandées, encore marquée par des zones d'incertitude et des regroupements fondés sur des données parfois incomplètes (Vydrine, 2004). Ensuite, l'étude détaillée de ses traits phonologiques, lexicaux et morphosyntaxiques permet de mieux comprendre l'histoire de la diffusion des innovations linguistiques dans la région, en mettant en lumière les circulations, les contacts et les influences croisées qui ont façonné l'espace mandé (Heath, 2017). Enfin, une telle description offre l'occasion de réévaluer les frontières souvent floues entre dialectes et langues distinctes, dans un contexte où la notion même de "standard" a été introduite tardivement, sous l'effet des politiques linguistiques coloniales puis postcoloniales, et ne reflète que partiellement la réalité sociolinguistique du terrain (Amselle, 1990).

Ainsi, l'analyse du wasolonkakan participe non seulement à une meilleure compréhension de la diversité mandée, mais également à une remise en question des catégories héritées, au profit d'une approche plus empirique, contextualisée et respectueuse des dynamiques propres aux communautés qui la parlent.

Les analyses de Klaudia Dombrowsky-Hahn sur les situations de contact linguistique en Afrique de l'Ouest montrent combien il est crucial, pour décrire une variété comme le wasolonkakan, d'adopter une approche non standardisée, dialectale et socialement située. En s'appuyant sur des cas concrets de contact entre langues Mandé et Gur (par exemple Minyanka–Bamanankan), elle met en lumière la plasticité des répertoires linguistiques et la capacité des locuteurs à mobiliser différentes ressources selon le contexte, l'histoire individuelle ou communautaire, les migrations ou les interactions interethniques. Cette perspective invite à considérer le wasolonkakan non comme un simple dérivé "régional" du bamanankan standard, mais comme une norme endogène à part entire, un système linguistique stabilisé, avec ses particularités phonologiques, morphosyntaxiques, lexicales et discursives, et potentiellement sa propre dynamique de variation interne.

Par ailleurs, en insistant sur l'importance des investigations fines, comparaisonsr les dynamiques sociolinguistiques, les contacts, les emprunts éventuels, la inter-variétés, collecte de données dialectales, prise en compte des effets de contact, de migration, de bilinguisme, Dombrowsky-Hahn offre un modèle méthodologique utile pour cette recherche. Appliquer ce cadre au wasolonkakan permettrait non seulement d'enrichir la description de cette variété, mais aussi de documente variation intra-groupe, et les répercussions sur la vitalité et la transmission de la langue. Les travaux de Jakob Lesage illustrent parfaitement la démarche que nous adoptons pour le wasolonkakan. En documentant la langue Kam (àŋwɔ̀m), langue NigerCongo peu décrite du Centre-Est du Nigeria, il a produit une grammaire et un lexique complets, tout en collectant des corpus oraux naturels et en impliquant la communauté locutrice, une approche "bottom-up" de documentation linguistique (Lesage, 2020)[2].

Par ailleurs, sa contribution à des bases typologiques globales (notamment Grambank) a permis de souligner les lacunes actuelles de la documentation grammaticale mondiale, et d'offrir une perspective comparative utile pour toutes les langues africaines minoritaires ou sous-documentées[3].

En s'inspirant de cette méthode, l'étude du wasolonkakan ne se contente pas d'enregistrer des mots ou des phrases isolées, mais vise à construire une description systématique et rigoureuse : phonologie, morphosyntaxe, lexique, usage, corpus oraux, variation interne, etc. Ce faisant, elle contribue à rétablir la pluralité des normes linguistiques et à documenter une variété locale parfois invisible dans les représentations standardisées.

2 https://llacan.cnrs.fr/AdaGram/publications KAM_Grammar_LESAGE_2020_PhD_thesis.pdf

3 https://aclanthology.org/people/jakob-lesage/

Enfin, l'approche de Lesage invite à considérer le wasolonkakan non comme un "objet exotique" ou marginal, mais comme une langue vivante, digne d'étude, et méritant une place dans les grammaires, bases typologiques et travaux de linguistique comparée, un geste de justice épistémique et linguistique.

3. Décoloniser les savoirs à travers les langues locales

L'étude du wasolonkakan s'inscrit directement dans un mouvement global visant à repenser les rapports de pouvoir associés à la production du savoir linguistique (Doumbia, 1987). Les classifications imposées par l'ethnologie coloniale ont longtemps homogénéisé la diversité mandingue, réifiant des catégories telles que « mandingue » ou « mandé », et marginalisant les variétés locales (Delafosse, 1901/1924 ; Amselle, 1990).

Dans ce contexte, documenter le wasolonkakan revient à:

a) rendre visibles des savoirs locaux marginalisés, conformément aux théories décoloniales contemporaines (Mignolo, 2011; Prah, 2009);

b) réaffirmer la légitimité épistémique des langues africaines, trop souvent reléguées à l'arrière-plan dans la recherche (Bamgbose, 2011);

c) remettre en question les catégorisations héritées, encore présentes dans de nombreuses descriptions linguistiques.

Ainsi, l'étude de cette variété contribue à la déconstruction des cadres épistémologiques coloniaux et à la promotion d'une approche plus inclusive, située et respectueuse de la pluralité linguistique africaine. Cette dynamique trouve des parallèles éclairants dans d'autres contextes mandé, notamment dans l'étude de Traoré sur le blé, langue minoritaire du Burkina Faso. Selon Traoré (2022), le blé constitue une langue mandé menacée, fragilisée par la forte pression sociolinguistique exercée par le jula véhiculaire. Son analyse, fondée sur une enquête sociolinguistique approfondie, montre que le contact entre blé et jula a produit une situation de bilinguisme asymétrique, entraînant une transformation notable des comportements communicatifs de la communauté blé. Autrefois relativement isolée et linguistiquement originale, cette communauté se trouve aujourd'hui confrontée à une érosion progressive de ses pratiques linguistiques traditionnelles, resserrant davantage l'étau sur une langue classée comme menacée de disparition.

L'étude de Traoré révèle également que les pratiques langagières, les préférences linguistiques et les représentations sociales des locuteurs jouent un rôle déterminant dans la vitalité ou le déclin d'une langue. En mettant en lumière les perceptions linguistiques internes, les dynamiques de contact et les facteurs sociaux corrélés à l'abandon progressif du blé, son travail ouvre la voie à une série d'études descriptives destinées à soutenir la survie et la revitalisation de cette langue minoritaire.

L'intégration du cas du blé au Burkina Faso montre, par analogie, que les enjeux de documentation, de représentation, de transmission et de légitimation qui affectent le wasolonkakan ne sont pas isolés, mais s'inscrivent dans un phénomène plus vaste touchant de nombreuses langues mandé périphériques ou minorisées. Comme dans le cas du blé, l'étude du wasolonkakan n'est donc pas simplement un exercice descriptif: elle représente un geste politique et épistémologique visant à renforcer la souveraineté linguistique et culturelle des communautés concernées.

À titre personnel, mon engagement dans la valorisation des langues mandé trouve ses racines dès mon enfance. Mon père m'a appris à écrire en bamanankan à la maison, dès l'âge de sept ans, me transmettant ainsi les premières bases de la langue et des pratiques scripturales. Par la suite, j'ai approfondi cette formation en suivant le cursus de formateur à la DNAFLA[4] (actuelle Direction Nationale de l'Education Non Formelle et des Langues Nationales - DENENFLEN), ce qui m'a permis de

4 Direction nationale de l'alphabétisation fonctionnelle et de la linguistique appliquée : D.N.A.F.L.A.

conjuguer transmission familiale et formation professionnelle pour documenter et promouvoir le wasolonkakan de manière méthodique et scientifique. Cette double expérience, intime et académique, illustre l'articulation entre savoirs locaux et savoirs institutionnels, et confirme l'importance de reconnaître et de valoriser les pratiques linguistiques africaines dans la recherche contemporaine.
Pendant ses études fondamentales en études germaniques à l'École Normale Supérieure (ENSup) de Bamako, il participa chaque année à des programmes d'échange universitaire dans plusieurs universités de l'ancienne République démocratique Allemande (RDA). Papa précisa, avec beaucoup de gratitude, qu'il avait, à la même période, reçu à la fois une invitation de la République fédérale d'Allemagne (RFA) et une autre de la République démocratique Allemande. À l'époque, l'annonce était diffusée à la Radio Mali et il devait se présenter officiellement afin de choisir laquelle des deux invitations il acceptait.
Professeur de l'enseignement secondaire à cette période, il obtint une bourse du DAAD vers la fin des années 1970 et le début des années 1980, ce qui lui permit d'entamer des études doctorales en études germaniques à l'Université de la Sarre (Saarbrücken), en République fédérale d'Allemagne. Après un semestre, il prit connaissance de l'existence de la chaire de linguistique africaine (Afrikanistik) de la jeune Université de Bayreuth. Il sollicita alors un transfert vers cette université afin de mener simultanément des travaux en linguistique africaine, notamment sur le bamanankan et le wasulunkakan, et en philologie allemande / didactique d'enseignement de l'Allemand.
Cette orientation témoigne de l'importance centrale qu'il accordait à la recherche sur les langues africaines.

4. Un patrimoine culturel fondamental pour l'Afrique de l'Ouest

Le wasolonkakan est également porteur d'un riche patrimoine oral : épopées locales, contes initiatiques, récits merveilleux, chants endogènes et pratiques rituelles propres à la région de Wasolon. Ces traditions s'inscrivent dans la continuité des grands récits mandingues, notamment ceux relatifs à l'histoire de l'ancien empire du Mali (Johnson, 2003).

La documentation linguistique contribue donc à préserver:

a) des formes narratives anciennes;
b) des systèmes symboliques locaux;
c) des savoirs environnementaux et sociaux transmis par voie orale.

La perte de ces ressources mettrait en danger non seulement un patrimoine immatériel précieux, mais également des éléments clés pour comprendre l'histoire culturelle du Mandé.

5. Vers une politique linguistique inclusive au Mali

L'étude du wasolonkakan s'inscrit directement dans un mouvement global visant à repenser les rapports de pouvoir associés à la production du savoir linguistique (Doumbia, 1987). Les classifications imposées par l'ethnologie coloniale ont longtemps homogénéisé la diversité mandingue, réifiant des catégories telles que « mandingue » ou « mandé » et marginalisant les variétés locales (Delafosse, 1901/1924 ; Amselle, 1990).

Dans ce contexte, documenter le wasolonkakan revêt plusieurs enjeux :

a) rendre visibles des savoirs locaux marginalisés, conformément aux théories décoloniales contemporaines (Mignolo, 2011; Prah, 2009);
b) réaffirmer la légitimité épistémique des langues africaines, trop souvent reléguées à l'arrière-plan dans la recherche (Bamgbose, 2011);
c) remettre en question les catégorisations héritées, encore présentes dans de nombreuses descriptions linguistiques.

Ainsi, l'étude de cette variété contribue à la déconstruction des cadres épistémologiques coloniaux et à la promotion d'une approche plus inclusive, située et respectueuse de la pluralité linguistique africaine.

Cette dynamique trouve des parallèles éclairants dans d'autres contextes mandé, notamment dans l'étude de Traoré sur le blé, langue minoritaire du Burkina Faso. Selon Traoré (2022), le blé constitue une langue mandé menacée, fragilisée par la forte pression sociolinguistique exercée par le jula véhiculaire. Son analyse, fondée sur une enquête sociolinguistique approfondie, montre que le contact entre blé et jula a produit une situation de bilinguisme asymétrique, entraînant une transformation notable des comportements communicatifs de la communauté blé. Autrefois relativement isolée et linguistiquement originale, cette communauté se trouve aujourd'hui confrontée à une érosion progressive de ses pratiques linguistiques traditionnelles, resserrant davantage l'étau sur une langue classée comme menacée de disparition.

L'étude de Traoré révèle également que les pratiques langagières, les préférences linguistiques et les représentations sociales des locuteurs jouent un rôle déterminant dans la vitalité ou le déclin d'une langue. En mettant en lumière les perceptions linguistiques internes, les dynamiques de contact et les facteurs sociaux corrélés à l'abandon progressif du blé, son travail ouvre la voie à une série d'études descriptives destinées à soutenir la survie et la revitalisation de cette langue minoritaire.

L'intégration du cas du blé au Burkina Faso montre, par analogie, que les enjeux de documentation, de représentation, de transmission et de légitimation qui affectent le wasolonkakan ne sont pas isolés, mais s'inscrivent dans un phénomène plus vaste touchant de nombreuses langues mandé périphériques ou minorisées. Comme dans le cas du blé, l'étude du wasolonkakan n'est donc pas simplement un exercice descriptif : elle représente un geste politique et épistémologique visant à renforcer la souveraineté linguistique et culturelle des communautés concernées.

Enfin, les recherches en éducation multilingue montrent que l'usage de la langue maternelle dès les premiers apprentissages favorise la réussite scolaire et renforce le lien entre l'école et la communauté (Trudell, 2016 ; Heugh & Skutnabb-Kangas, 2010). Reconnaître et intégrer le wasolonkakan dans les programmes éducatifs maliens pourrait ainsi réduire les inégalités linguistiques, renforcer les pratiques pédagogiques locales et valoriser la diversité culturelle du sud du Mali.

En somme, la description et la valorisation du wasolonkakan ne se limitent pas à un projet linguistique : Salabary Doumbia montre qu'elles constituent un acte de justice épistémique et culturelle, visant à réhabiliter la diversité linguistique africaine, à soutenir la vitalité des langues minoritaires et à rapprocher les pratiques scolaires des réalités et savoirs des communautés locales.

Références

Amselle, J.-L. (1990). *Logiques métisses. Anthropologie de l'identité en Afrique et ailleurs.* Paris: Payot.

Amselle, J.-L. (1987). L'ethnicité comme volonté et comme représentation : À propos des Peul du Wasolon. Annales. Économies, Sociétés, Civilisations, 42(2), 465–489. https://doi.org/10.3406/ahess.1987.283395

Bamgbose, A. (1991). *Language and the nation: The language question in sub-Saharan Africa.* Edinburgh University Press.

Bamgbose, A. (2011). African languages today: The challenge of and prospects for empowerment under globalization. *Nordic Journal of African Studies, 20*(2).

Bird, S., & Kendall, T. (2020). Creating inclusive archives for under-documented languages. *Language Documentation & Conservation, 14.*

Camara, Brahima. 1998. Jägerliteratur in Manden. Bayreuth: Schultz and Stellmacher

Creissels, D. (1988). *Éléments de grammaire du mandinka.* Grenoble: CELFA.

Creissels, D., & Kaboré, R. (1998). Les langues mandées : classification et typologie. *Mandenkan, 35.*

Delafosse, M. (1901). *Essai de manuel pratique de la langue mandé ou manding.* Paris: Leroux.

Djité, P. (2008). *The Sociolinguistics of Development in Africa.* Multilingual Matters.

Dombrowsky-Hahn, K. (1999). *Phénomènes de contact entre les langues minyanka et bambara (sud du Mali).* Köln: Köppe.

Dombrowsky-Hahn, K. (2010). Some methodological problems in the study of language contact: the case of Senufo and Manding. Journal of Language Contact, 3 (1), 107-130.

Dombrowsky-Hahn, K., & Fanego Palat, A. (2024). Mobile and complex: a West African linguistic repertoire. In Pfadenhauer, K., Rüdiger, S., & Serreli, V. (Eds.), Global and local perspectives on language contact (pp. 183-214). Berlin: Language Science Press.

Dombrowsky-Hahn, K. (2020). *A Grammar of Kusaal: A Mabia (Gur) Language of Northern Ghana.* Linguistic Typology, 24 (1), 187–199.

Doumbia, L., Narh, P., & Tangara, D. (2025). Rethinking collaboration in social anthropology: Co-producing knowledge outside boxes. Boasblogs. https://boasblogs.org/coproducingknowledge/rethinking-collaboration-in-social-anthropology/

Drabo, Adama (2023). "Marqueurs discursifs et pragmatèmes dans le français en Côte d'Ivoire. Une analyse empirique de dƐ, kƐ, tchô et toi aussi". University of Bayreuth
Drabo, Adama (2019). "Usages du marqueur discursif dƐ dans le français ivoirien". In Variations et contacts l'espace francophone: perspectives

linguistiques, littéraires et didactiques ARDUF Ed. Junimea, Lasi, Romania.

Green, E. (2018). Deciphering Mande dialect continua. *Journal of African Languages and Linguistics, 39*(2).

Heath, J. (2017). *Mandinka Grammar.* Berlin : Mouton de Gruyter.

Heugh, K., & Skutnabb-Kangas, T. (2010). Multilingual education works. In Skutnabb-Kangas & Heugh (Eds.), *Multilingual Education and Sustainable Diversity Work.*

Johnson, J. W. (2003). *The Epic of Sunjata in the Mandé Oral Tradition.* Indiana University Press.

Lesage, J. (2020). *A grammar and lexicon of Kam (àŋwɔ̀m), a Niger-Congo language of central eastern Nigeria* (PhD thesis, INALCO, Paris). Retrieved from https://llacan.cnrs.fr/AdaGram/publications/KAM_Grammar_LESAGE_2020_PhD_thesis.pdf llacan.cnrs.fr+1

Lesage, J. (2022). Overlooked data in typological databases: What Grambank teaches us about gaps in grammars. In *Proceedings of the Thirteenth Language Resources and Evaluation Conference*. Association for Computational Linguistics. Anthology

Mignolo, W. (2011). *The darker side of Western modernity: Global futures, decolonial options.* Duke University Press.

Prah, K. (2009). African languages and the quest for development. *CASAS*, Cape Town.

Traoré, D. (2022). *Comportements langagiers et représentations linguistiques dans une communauté en lutte pour sa survie: le cas de la minorité linguistique Blé, au Burkina Faso. Linguistique, Lettres, Langues & Communication – Revue Akofena*, vol. 1, n° 5. DOI : 10.48734/akofena.n5v1.09.22

Traoré, K. (2000). *Le jeu et le sérieux : Essai d'anthropologie littéraire sur la poésie épique des chasseurs du Mandé*. Köln: Rüdiger Köppe Verlag.

Trudell, B. (2016). The power of local languages in education. *International Review of Education, 62*(2).

Vydrine, V. (2004). Manding-English Dictionary. *Mandenkan, 40.*

Vydrine, V. (2019). Mande language classification revisited. *Journal of West African Languages, 46*(2).

Postface

C'est à nous deux qu'il est revenu l'insigne responsabilité de rédiger la postface de la publication à titre posthume du Dr Salabary Doumbia, que nous appelions affectueusement "Papa Doumbia". Nous avons accepté un tel choix avec ferveur, enthousiasme et honneur pour entre autres deux raisons bien évidentes :

D'abord, d'un point de vue purement social, Dr Doumbia, de son vivant, a été pour nous un bon père adoptif. Nous l'avons connu une dizaine d'années avant son décès, par l'intermédiaire de notre ami commun, son fils aine Dr Lamine Doumbia. De son vivant, il n'a jamais tari de conseils et d'encouragements à notre endroit, avec le traditionnel sens aigu d'attachement et de chaleur humaine qui le caractérisait.

Ensuite, sur le plan scientifique, encore sur les bancs des études en tant que doctorants, ses discours d'encouragements incessants, de motivation et ses conseils de devancier, teintés de sa riche expérience dans notre domaine de formation qu'est la linguistique (étant lui-même docteur en linguistique ; doctorat qu'il a soutenu dans la même université que nous : celle de Bayreuth en Allemagne), nous ont été d'un apport inestimable dans la conduite et l'aboutissement de nos thèses de doctorat respectives.

Profiter de l'étendue de l'expérience allemande acquise à l'université de Bayreuth et réinvestir cette somme d'expérience au profit des nombreuses langues en attente de description dans nos pays respectifs, tels étaient ses vœux incessants à l'endroit des jeunes linguistes africains que nous étions, en formation dans son ancienne université. Et pour joindre l'acte à la parole et montrer le chemin à suivre, Dr Doumbia n'a pas souhaité se limiter aux travaux de sa thèse de doctorat, soutenue en 1987 à l'Université de Bayreuth, et autres articles scientifiques sur le *mandenkan*. Après de nombreuses années de bons et loyaux services en faveur de la promotion de la démocratie auprès de la Fondation Friedrich Ebert à Bamako, il a décidé de revenir à ses anciennes amours : la linguistique. Il a ainsi promis et entamé des recherches complémentaires et approfondies sur le *wasolonkakan* (variante *mandenkan* du *Wasolon*, sa région d'origine) en vue de la publication d'une grammaire complète de cette variante scientifiquement peu connue et peu documentée. Malheureusement, il n'eut pas le temps nécessaire d'achever ladite étude, car Allah le rappela auprès de lui en 2020. Conformément à ses vœux, ses enfants, à travers le Dr Lamine Doumbia, se sont mis à la tâche en vue de la finalisation et de la publication de l'œuvre entamée par leur défunt père.

Cette importante œuvre mise à la disposition de la communauté scientifique n'aborde pas uniquement des aspects purement phonologiques. On y trouve également quelques points consacrés aux aspects morphophonologiques et morphosyntaxiques que les réalités du destin n'ont pas permis à l'auteur d'étendre et d'approfondir. Il aura cependant eu le mérite d'entamer des analyses que, comme il l'a lui-même souhaité, la nouvelle génération de linguistes spécialistes du *mandenkan* se doit de poursuivre et d'approfondir.

Dans le contenu de l'œuvre, différents points sont abordés. En effet, après avoir planté le décor, à travers la situation géographique du *Wasolon* et du cercle de *Yanfolila*, des informations d'ordre général sur le *wasolonkakan*, ainsi que la justification de son choix, il aborde l'étude des phonèmes de ladite variante du *mandenkan*. Il s'agit de l'inventaire des phonèmes consonantiques et vocaliques, ainsi que de l'analyse du système tonal. Ont ensuite successivement fait l'objet d'analyses les aspects suivants du *wasolonkakan* : les mots grammaticaux, les aspects morphosyntaxiques et phonologiques de la forme progressive, l'action répétitive, la marque *"ye ka"*, l'expression du passif, les particules, les postpositions et les auxiliaires, et d'autres éléments grammaticaux comme les connecteurs *rɔ* et *la*, ainsi que les suffixes verbaux *len* et *tɔ*.

Les héritiers légaux de Dr Salabary Doumbia ont joué leur partition à travers la finalisation et la publication du présent document. Ses héritiers scientifiques, dont nous avons l'honneur de faire partie, s'engagent à poursuivre l'œuvre entamée, à travers un approfondissement des recherches dialectales du *mandenkan*, la poursuite et l'approfondissement des analyses phonologiques, morphologiques, syntaxiques et sociolinguistiques sur la variante *wasolonkakan*, etc. Toutes ces initiatives qui visent à renforcer la connaissance scientifique de cette variante au sein du patrimoine mandé, pourront être menées à travers des études individuelles, collectives et/ou à travers des directions de mémoires de master ou de thèses de doctorat d'étudiants intéressés par des études linguistiques sur le *mandenkan*.

En plus des recherches de terrain qui seront nécessaires pour mener à bien un tel projet, il serait souhaitable que soient mise à la disposition des chercheurs et étudiants concernés, la riche collection de données linguistiques laissée par Dr Doumbia. Ces données linguistiques, comme il l'a lui-même signifié dans l'introduction de son livre, sont constituées d'un riche corpus comprenant "des enregistrements audios de contes traditionnels, de récits merveilleux ainsi que d'émissions radiophoniques, enrichis par de nombreuses discussions avec divers locuteurs natifs du wasolonkakan".

Papa Doumbia nous a quittés, mais il survit à travers les résultats de toutes ces recherches ; et surtout à travers cette contribution scientifique énorme au profit d'une meilleure connaissance scientifique de l'un des continuums linguistiques les plus vastes de l'Afrique de l'Ouest.

Baba dɔgɔtɔrɔ Salabari Dunbiya, Ala k'a layɔrɔ suma !

Daouda TRAORÉ
Centre National de la Recherche Scientifique et Technologique (INSS/CNRST),
Ouagadougou, Burkina Faso
Adama DRABO
Université Alassane Ouattara / Bouaké, Côte d'Ivoire

Décembre 2025

Dr. Salabary DOUMBIA

(1952 – 2020)

Un Bamakois du Wassolo, Dr. Salabary Doumbia est un homme d'une rigueur, d'une modestie et sociabilité exceptionnelle.

Enseignant, pédagogue, Salabary Doumbia était maître de conférences au département d'études germaniques de la faculté des lettres, des langues et de la linguistique de l'université de Bamako, au Mali. Il est titulaire d'un doctorat en linguistique africaine de l'Université de Bayreuth, où il a accompli ses études de troisième cycle universitaire en 1988. Aussitôt, Doumbia est rentré servir son pays natal laissant derrière lui, entre autres, les opportunités de naturalisation en Allemagne. Et pendant près de vingt ans, il travailla pour la Fondation Friedrich-Ebert et la coopération allemande à Bamako. Très attaché à la culture malienne et allemande (Président de l'association des Alumni de DAAD[1] du Mali), Doumbia était, toute sa vie professionnelle, une référence atypique pour le Mali et l'Allemagne dans le cadre du développement et surtout dans le cadre l'entente interculturelle et scientifique des deux pays. Avec son expertise, il servit de pont incontournable pour cette coopération bilatérale au profit du Mali. L'engagement et le militantisme sociaux de Doumbia ont vu s'augmenter avec les responsabilités et l'honneur que les siens lui portaient, dans le pays, dans la commune V et dans le quartier, à la mairie, au conseil du chef de quartier, à la mosquée, à l'école fondamentale, à l'université, au parlement, etc.

De mars à septembre 2020, l'infatigable retraité a été chercheur invité à l'Institut d'études africaines de l'Université de Bayreuth. Son séjour avait pour objectif, entre autres, la préparation d'une œuvre sur le Wasolonkakan, une variété mandingue jusqu'ici peu connue des

1 Deutscher Akademischer Austauschdienst

linguistes internationaux, parlée aussi dans le sud-ouest du Mali. Dans cette oeuvre, Doumbia aborde les aspects sociolinguistiques, phonologiques et syntaxiques du Wasolonkakan. Les recherches à la bibliothèque de l'Université de Bayreuth lui ont permis d'étudier l'état des connaissances et, entre autres, de fixer le cadre théorique de la publication. Un autre objectif de son séjour était de participer à un projet commun de mise à jour du matériel d'enseignement du bambara (bamanankan), une langue ouest-africaine enseignée au centre linguistique de l'Université de Bayreuth.

Doumbia a dédié sa vie au service du savoir, de l'éducation et du travail et sa devise était toujours : « exige beaucoup de toi-même et peu des autres ». Il aimait son prochain autant que lui-même.

Lamine DOUMBIA

Afrikanische Studien / African Studies

Mersha Alehegne Mengistie (ed.)
Echoes of Heritage in 'the Land of Origins'
Ethiopian Manuscripts, Language, Culture, and Faith. A Gedenkschrift to Prof. Emer. Getatchew Haile (1931 – 2021)
vol. 68, 2025, 406 pp., 69,90 €, pb., ISBN 978-3-643-91620-4

Nathalie Homlong; Elisabeth Springler (eds.)
Aspects of Sustainable Development in Ghana
vol. 65, 2024, 214 pp., 29,90 €, pb., ISBN 978-3-643-91687-7

Abdoulaye Sounaye; Frédérick Madore (Ed.)
Religiosity on University Campuses in Africa
Trends and Experiences
vol. 64, 2023, 322 pp., 34,90 €, pb., ISBN 978-3-643-91429-3

Verena Böll; Annegret Marx(Hg.)
Der ‚Sitz im Leben' einer äthiopischen Handschrift
Kunst, Literatur, Liturgie, Theologie und globaler Austausch am Beispiel des Evangeliars von Märṭulä Maryam
Bd. 63, 2022, 246 S., 39,90 €, br., ISBN 978-3-643-14662-5

Hana Horáková; Stephanie Rudwick; Martin Schmiedl (Eds.)
Africa on the Move
Shifting Identities, Histories, Boundaries
vol. 62, 2019, 168 pp., 29,90 €, pb., ISBN 978-3-643-91174-2

Leonhard Harding
Mali – Rebellion, Terror, Heiliger Krieg oder Kampf um bessere Lebensbedingungen?
Bd. 61, 2020, 204 S., 29,90 €, br., ISBN 978-3-643-14432-4

Baz Lecocq; Amy Niang (ed.)
Identités sahéliennes en temps de crise
Histoires, enjeux et perspectives
Bd. 60, 2019, 366 S., 44,90 €, br., ISBN 978-3-643-14256-6

Yolanda Aixelà Cabré (ed.)
In the Footsteps of Spanish Colonialism in Morocco and Equatorial Guinea
The Handling of Cultural Diversity and the Socio-Political Influence of Transnational Migration
vol. 59, 2018, 276 pp., 39,90 €, pb., ISBN 978-3-643-91010-3

Siegbert Uhlig; David Appleyard; Alessandro Bausi; Wolfgang Hahn; Steven Kaplan (Eds.)
Ethiopia
History, Culture and Challenges
vol. 58, 2017, 380 pp., 34,90 €, pb., ISBN 978-3-643-90892-6

Hana Horáková; Katerina Werkman (Ed.)
Knowledge Production in and on Africa
vol. 56, 2016, 290 pp., 29,90 €, pb., ISBN 978-3-643-90798-1

LIT Verlag Berlin – Münster – Wien – Zürich – London
Auslieferung Deutschland / Österreich / Schweiz: siehe Impressumsseite

Julien Bobineau; Philipp Gieg (Eds.)
The Democratic Republic of the Congo. La République Démocratique du Congo
Problems, Progress and Prospects. Problèmes, Progrès et Perspectives
Bd. 55, 2016, 312 S., 34,90 €, br., ISBN 978-3-643-13473-8

Susanne Epple (Ed.)
Creating and Crossing Boundaries in Ethiopia
Dynamics of social categorization and differentiation
vol. 53, 2014, 272 pp., 29,90 €, pb., ISBN 978-3-643-90534-5

Georg Klute; Peter Skalník (Eds.)
Actors in Contemporary African Politics
vol. 51, 2013, 224 pp., 29,90 €, pb., ISBN 978-3-643-90443-0

Walter E. A. van Beek; Philip M. Peek (Eds.)
Reviewing Reality
Dynamics of African divination
vol. 50, 2013, 408 pp., 69,90 €, pb., ISBN 978-3-643-90335-8

Wazi Apoh; Bea Lundt (Eds.)
Germany and Its West African Colonies
"Excavations" of German Colonialism in Post-Colonial Times
vol. 49, 2013, 264 pp., 34,90 €, pb., ISBN 978-3-643-90303-7

Josephat Obi Oguejiofor; Tobias Wendl (Eds.)
Exploring the Occult and Paranormal in West Africa
vol. 47, 2012, 280 pp., 29,90 €, pb., ISBN 978-3-643-90183-5

Daniela Merolla; Jan Jansen; Kamal Naït-Zerrad (Eds.)
Multimedia Research and Documentation of Oral Genres in Africa – The Step Forward
vol. 45, 2012, 160 pp., 29,90 €, pb., ISBN 978-3-643-90130-9

Wim van Binsbergen (ed.)
Black Athena Comes of Age
vol. 44, 2011, 368 pp., 39,90 €, pb., ISBN 978-3-8258-4808-8

Hana Horáková; Paul Nugent; Peter Skalník (Eds.)
Africa – Power and Powerlessness
vol. 43, 2011, 184 pp., 29,90 €, pb., ISBN 978-3-643-11187-6

István Tarrósy; Loránd Szabó; Goran Hyden (Eds.)
The African State in a Changing Global Context
Breakdowns and Transformations
vol. 42, 2011, 216 pp., 29,90 €, pb., ISBN 978-3-643-11060-2

Patrick Chabal; Peter Skalník (Eds.)
Africanists on Africa
Current Issues
vol. 41, 2010, 320 pp., 29,90 €, pb., ISBN 978-3-643-10682-7

Steven Van Wolputte (Ed.)
Borderlands and Frontiers in Africa
vol. 40, 2013, 256 pp., 29,90 €, pb., ISBN 978-3-643-90333-4

LIT Verlag Berlin – Münster – Wien – Zürich – London
Auslieferung Deutschland / Österreich / Schweiz: siehe Impressumsseite